科技馆免费开放的实践探索

任 鹏 贺茂斌 刘广斌 著

中国科学技术出版社
·北京·

图书在版编目（CIP）数据

科技馆免费开放的实践探索 / 任鹏，贺茂斌，刘广斌著 . -- 北京：中国科学技术出版社，2024.8.
ISBN 978-7-5236-0840-1

Ⅰ . G322

中国国家版本馆 CIP 数据核字第 202418DZ62 号

策划编辑	王晓义
责任编辑	王晓义
封面设计	孙雪骊
正文设计	中文天地
责任校对	吕传新
责任印制	徐　飞

出　　版	中国科学技术出版社
发　　行	中国科学技术出版社有限公司
地　　址	北京市海淀区中关村南大街 16 号
邮　　编	100081
发行电话	010-62173865
传　　真	010-62173081
网　　址	http://www.cspbooks.com.cn

开　　本	720mm×1000mm　1/16
字　　数	262 千字
印　　张	13.5
版　　次	2024 年 8 月第 1 版
印　　次	2024 年 8 月第 1 次印刷
印　　刷	北京荣泰印刷有限公司
书　　号	ISBN 978-7-5236-0840-1 / G·1054
定　　价	68.00 元

（凡购买本社图书，如有缺页、倒页、脱页者，本社销售中心负责调换）

前　　言

科技馆免费开放是一项利国利民的惠民工程。为了支撑相关决策，并让更多公众了解全国免费开放科技馆的发展状况，我们编写了《科技馆免费开放的实践探索》。本书基于大量的数据和调研成果，对科技馆免费开放工作进行了概述和分析，旨在为科普实践和研究工作者提供参考。

第1章首先对科技馆免费开放的相关文献进行了综述。在此基础上，对科技馆免费开放的基本情况、场馆运行情况、拟新增及改建免费开放科技馆的情况等进行了概述。本章主要以图表和基础数据的形式呈现了我国科技馆免费开放工作及科技馆免费开放的基本情况。本章1.1部分由任鹏编写，1.2至1.4部分由任鹏和贺茂斌编写。

第2章在介绍调研总体情况的基础上，重点分析了现场调研和问卷调查两种方式对科技馆免费开放补助资金管理和使用的调研情况和调研结果；介绍了《科技馆免费开放补助资金管理暂行办法（建议稿）》的起草情况和起草说明。通过调查研究，梳理了中央补助科技馆免费开放资金管理的主要问题，并提出了建议，旨在提高科技馆免费开放资金的管理效能。本章由贺茂斌和任鹏编写。

第3章在介绍科技馆展品的分类研究情况和国内外关于机器人科普展品的研究状况的基础上，重点介绍了采用问卷调查的方法对我国免费开放科技馆机器人展品展出和应用情况进行的调查，并通过问卷调查结果的分析，总结了所取得的成绩、存在的问题和成因，还提出了进一步推动展品及特色展品健康发展的建议。本章由任鹏编写。

第4章主要以全国省级免费开放科技馆为例介绍了这些典型科技馆的基本情况和主要展品或展区情况。通过对这些典型科技馆的介绍，希望读者能够更加全面地了解我国各地免费开放科技馆的概况，为公众参观科技馆提供参考。本章由任鹏编写。

本书前言、参考文献和附录等相关部分内容，为读者进一步了解和研究科技馆免费开放提供了参考资料。本部分由任鹏编写。全书由刘广斌统稿。

衷心希望本书能够成为公众了解我国免费开放科技馆的重要参考书，为科普实践和研究工作者的工作和研究提供参考和借鉴。同时，我们也希望通过本书的出版，进一步推动我国科技馆免费开放的发展，推动科普展品的创新发展，让更多的公众受益于科技馆的知识和文化。

本书得到了国家自然科学基金项目（项目号：71473021）资助，得到了中国科协2022年度推动实施全民科学素质行动第二批项目资助，得到了中国科协2022年度科技智库青年人才计划项目资助，在此一并深表谢意！

目　录
CONTENTS

第 1 章　科技馆免费开放工作概况 / 001

　　1.1　科技馆免费开放相关文献研究 / 001
　　1.2　科技馆免费开放基本情况 / 006
　　　　1.2.1　科技馆免费开放发展历程 / 006
　　　　1.2.2　免费开放科技馆整体分布情况 / 007
　　　　1.2.3　免费开放区域及面积 / 008
　　1.3　场馆运行情况 / 008
　　　　1.3.1　免费开放时间 / 008
　　　　1.3.2　观众参观数量 / 009
　　　　1.3.3　常设展厅展品完好率 / 010
　　　　1.3.4　教育活动开展情况 / 011
　　　　1.3.5　短期展览数量及参观人数 / 012
　　　　1.3.6　展品更新情况 / 014
　　　　1.3.7　科普影片更新情况 / 014
　　1.4　2022 年新增及改建免费开放科技馆情况 / 015
　　　　1.4.1　新增免费开放科技馆情况 / 015
　　　　1.4.2　利用已有场所改建科技馆情况 / 016
　　附表：2021 年度全国免费开放科技馆基本情况统计表 / 017

第 2 章　中央补助科技馆免费开放资金管理和使用情况调查研究 / 045

　　2.1　调查研究总体情况 / 045
　　2.2　中央补助科技馆免费开放资金管理和使用情况调研与分析 / 047
　　　　2.2.1　调研基本情况 / 047
　　　　2.2.2　现场调研情况及分析 / 047

  2.2.3　问卷调查结果及分析 / 050
  2.2.4　几点建议 / 063
2.3　《科技馆免费开放补助资金管理暂行办法（建议稿）》起草情况 / 065
  2.3.1　《科技馆免费开放补助资金管理暂行办法（建议稿）》起草说明 / 065
  2.3.2　研讨、讨论及征求意见 / 069
  2.3.3　补助资金分配因素选取及权重设定 / 073
2.4　下一步工作建议 / 080
  2.4.1　制定绩效管理办法，强化绩效管理和考核 / 081
  2.4.2　发挥市场作用，建立免费开放资金多元投入机制 / 081
  2.4.3　加快展品展项标准制定，鼓励各科技馆出特色、出精品 / 081
  2.4.4　建立资源共建共享机制，推进科技馆与科普教育基地等协同发展 / 082
附件2.1　科技馆免费开放补助资金管理使用有关情况调研工作方案 / 082
附件2.2　北京科学中心现场调研基本情况 / 084
附件2.3　山西省免费开放科技馆现场调研基本情况 / 086
附件2.4　科技馆免费开放补助资金管理使用情况调查问卷 / 087
附件2.5　科技馆免费开放补助资金管理暂行办法（建议稿） / 091

第3章　免费开放科技馆展品研究——以机器人展品为例 / 095

3.1　关于科技馆展品分类的思考 / 095
  3.1.1　科技馆展品分类的相关研究回顾 / 097
  3.1.2　对科技馆展品分类的补充 / 099
  3.1.3　分析与讨论 / 104
3.2　我国科技馆机器人科普展品应用现状调查研究 / 105
  3.2.1　国内外研究现状 / 107
  3.2.2　调查设计及调研基本情况 / 114
  3.2.3　我国科技馆机器人展品展出和应用情况分析 / 117
  3.2.4　科技馆机器人展品存在的问题分析 / 129
  3.2.5　对策建议 / 136
  3.2.6　本部分研究工作总结 / 143
附件3.1　科技馆机器人展品和特色展品情况调查问卷 / 144

第4章　典型免费开放科技馆简介 / 146

4.1 省级免费开放科技馆简介 / 146

- 4.1.1 北京科学中心 / 146
- 4.1.2 天津科学技术馆 / 149
- 4.1.3 河北省科学技术馆 / 151
- 4.1.4 山西省科学技术馆 / 152
- 4.1.5 内蒙古自治区科学技术馆 / 153
- 4.1.6 辽宁省科学技术馆 / 155
- 4.1.7 吉林省科技馆 / 157
- 4.1.8 黑龙江省科学技术馆 / 159
- 4.1.9 浙江省科技馆 / 160
- 4.1.10 安徽省科学技术馆 / 162
- 4.1.11 福建省科学技术馆 / 164
- 4.1.12 江西省科学技术馆 / 165
- 4.1.13 山东省科技馆 / 167
- 4.1.14 湖北省科学技术馆 / 168
- 4.1.15 湖南省科学技术馆 / 170
- 4.1.16 广西壮族自治区科学技术馆 / 172
- 4.1.17 重庆科技馆 / 173
- 4.1.18 四川科技馆 / 175
- 4.1.19 贵州科技馆 / 177
- 4.1.20 云南省科学技术馆 / 178
- 4.1.21 西藏自然科学博物馆 / 179
- 4.1.22 陕西科学技术馆 / 180
- 4.1.23 甘肃科技馆 / 182
- 4.1.24 青海省科学技术馆 / 183
- 4.1.25 宁夏科技馆 / 184
- 4.1.26 新疆维吾尔自治区科学技术馆 / 185
- 4.1.27 河南省科学技术馆 / 187

4.2 特大型非省级免费开放科技馆列表 / 189

主要参考文献／*190*

附录1　关于全国科技馆免费开放的通知／*198*

附录2　关于印发《科技馆免费开放补助资金管理办法》的通知／*202*

第1章
科技馆免费开放工作概况

【内容摘要】 在免费开放科技馆文献综述的基础上，依据免费开放科技馆年度统计数据及科技馆免费开放有关材料，形成了2020—2021年度科技馆免费开放有关工作情况概览。分析了科技馆免费开放的基本情况、场馆运行情况和拟新增及改建免费开放科技馆情况。以附表的形式列出相关统计数据，清晰地呈现了一个阶段科技馆免费开放的相关情况，为全面了解我国科技馆免费开放情况提供了基础数据和参考依据。

1.1 科技馆免费开放相关文献研究

2015年以来，中国科协、财政部、中宣部联合，先后出台了一系列政策文件（包括相关通知），有力地促进了科技馆免费开放的发展。这些文件中最有代表性的有两个，一个是2015年3月中国科协、中宣部、财政部发布的《关于全国科技馆免费开放的通知》[1]。该通知成为在全国范围内开展科技馆免费开放工作的指导性文件，保证了连续多年科技馆免费开放有序发展。另一个是2023年8月30日财政部、中国科协联合发布的《关于印发〈科技馆免费开放补助资金管理办法〉的通知》[2]。该文件为新时期科技馆免费开放补助资金的管理、使用、分配、绩效考核与监督评价提供了政策依据。

作者通过中国知网（CNKI）等文献系统对与科技馆免费开放的相关文献进行了梳理和综述。用科技馆免费开放、免费开放科技馆，以及科技馆和免费开放组合等主题词，通过CNKI等系统检索，截止时间设定为2023年12月31日，共检索到相关文献59篇。其中，学术期刊论文41篇、硕士学位论文7篇、会议论文1篇、报纸文章10篇。总体上看，文献数量不多，所涉及的研究视角主要有科技馆免费开放的国际经验、对科技馆发展的影响、实践探索、政策、评估评价、经费及管理使用、宣传等。

陈善蜀2008年9月在中国科学技术协会年会上发表了关于科技馆免费开放的第一篇文章，2009年该文又发表在《科普研究》期刊上[3]。论文基于博物馆、纪念馆、全国爱国主义教育示范基地相继对社会公众免费开放的情况，认为科技馆对社会公众免费开放也仅仅是个时间问题,并就科技馆为什么要对社会公众实行免费开放、怎样开放、在开放中如何赢得更大的发展等进行了思考。这篇文章比较准确地判断了我国科技馆免费开放的必然趋势,并就一些科技馆免费开放的发展方向做出了预测,开了国内科技馆免费开放研究的先河,为开展科技馆免费开放研究起到了一定的引领作用。

关于科技馆免费开放的国际经验,危怀安等(2013)[4]通过考察美国国家航空和航天博物馆、英国伦敦科学博物馆、澳大利亚国家科学技术中心、加拿大安大略科学中心等世界著名科技馆的官方网站,搜索和挖掘其中的零星信息和零碎资料,整理并提炼出这些著名科技馆的免费开放政策及实践举措。研究发现,有限免费与差异收费相结合是这些科技馆实行的基本政策,充足且相对稳定的经费是确保科技馆开放运行的前提条件,创新常规项目、拓展延伸服务业务是科技馆免费开放的根本保证,建立一支高品德的志愿者队伍是科技馆正常运营的有力支撑。文素婷等(2014)[5]综述了安德森(R. G. W. ANDERSON)、弗雷(B. S. FREY)、舒斯特(J. M. SCHUSTER)、埃尔布兰(J. HEILBRUN)与格雷(C. M. GRAY)等学者关于科技馆免费开放的文献。这些学者有的主张政府应该对博物馆实行免费开放政策,有的主张免费开放政策并建议加大公共资金对科技馆的支持力度等。武育芝等(2019)[6]通过介绍发达国家科技馆先进的管理经验,包括差异收费与有限免费相结合、多元主体合作、科研工作专业化、展教服务社会化等,旨在为我国科技馆高效管理提供借鉴。这些国际经验,在制定我国的科技馆免费开放政策过程中起到了一定的参考作用。

关于科技馆免费开放对科技馆发展的影响,文素婷等(2014)[5]认为,科技馆的准公共物品及公益性属性是免费开放的理论依据,发挥科普教育功能、提高全民科学素养是免费开放的现实需求。论文分析了科技馆免费开放后会带来社会影响力提高、功能拓展、机制创新的机遇,以及面临经费、人才、服务、安全等方面的挑战,并提出若干政策建议。谢飞媚(2015)[7]通过对科技馆免费开放现状的分析,阐述了科技馆免费开放的积极意义与消极影响;通过剖析与借鉴欧美等国家科技馆免费开放的实践经验与政策导向,提出包括建立高素质的志愿者队伍、拓展展览与服务、重视教育活动、积极创新等有关科技馆免费开放后改进展教工作的对策建议。鲍聪颖等(2015)[8]针对免费开放后科技馆面临的新问题展开讨论,提出几点有利于科技馆发展的切实可行的对策和建议。齐欣(2016)[9]根据全国科技馆免费开放运行情况调查结果,分析了92家科技馆免费开放的基本情况,包括观众数量、展品完好率、运行保障、工作人员等方面,认为我国科技馆行业正在步入免费开放时代,对科技馆发展带来前所未有的挑战,包括运营经费不足、专业人才短缺、服务管理模式亟须调整、公众吸引力有待加强等,并从建立多元经费筹措机制、加强展教资源研发与创新、树立以人为本的公共服务理念、加强专兼职人才队伍建设等方面提出免费开放下科技馆发展的策略和建议。任福君等(2021)[10]基于中国219家免费开放科技馆的互联网平台信息、科技馆年度统计资料和第三方网站评论数据,结合针对性的问卷调查,依据科学传播五要素模型,利用自然语言处理和可视化等技术,开展科技馆科普影响力现状多源数据融合分析,探究了中国公众的科普爱好及其影响因素。研究发现:公众对与生活实践密切相关的科学知识及方法的兴趣度较高,且乐于接受以微信公众号、官方微博和官网为主的新媒体科普方式;科技馆的展示环境、内容和服务等软硬件设施是公众关注的重点;女性对科技馆的关注度和表达意愿明显高于男性;重大政策发布时间节点前后公众前往科技馆参观的意愿较强,表明政策是影响免费开放科技馆即时性传播效果的重要因素。

关于科技馆免费开放的实践探索,危怀安等(2013)[4]整理并提炼出美国国家航空和航天博物馆、英国伦敦科学博物馆、澳大利亚国家科学技术中心、加拿大安大略科学中心等著名科技馆的免费开放的实践举措。许军(2016)[11]认为,山东省潍坊市科技馆作为全国92个、全省6个科技馆免费开放单位之一,深入持久、有力、有序地做好免费开放工作,是新形势下面临的一项重大课题。黄卉(2017)[12]认为,科技馆免费开放政策试点以来,运行管理规律发生了本质性变化,只有认识和掌握科技馆免费开放的基本特点和基本规律,才能坚持正确的发展方向,并通过研究科技馆免费开放工作的基本规律,探讨了免费开放政策下科技馆工作的发展规律以及力量支撑,在此基础上分析了科技馆建设发展的新趋势、新方向。李晓(2017)[13]介绍了免费开放以来,山东省的临沂市科技馆未雨绸缪,积极应对,对各项工作做了全面细致的部署,切实保障免费开放规范有序运行的工作情况。廖红等(2020)[14]针对2019年度获得中央财政支持的免费开放的219座科技馆运行数据,分别从建设规模、科技馆类型、科技馆类别及层级、展览及教育活动开展、展厅利用率、观众覆盖率等多方面进行了研究与分析,并对部分因素开展了交叉分析和相关性分析。通过数据分析可以看出,免费开放科技馆服务效果及财政经费利用效益总体良好,达到了预期目标,提升了我国科普基础设施的公共服务能力,促进了科普的公平普惠。赵书平等(2017)[15]介绍了在山东省科协和财政部门的推动下,山东省科技馆免费开放工作取得的成效等情况。徐鹏(2022)[16]介绍了潍坊市科技馆立足疫情形势,始终坚持安全开放、科普为民的办馆思路,不断强化疫情防控措施,提升科普服务质量和水平,统筹做好疫情防控和免费开放重点工作,取得了疫情有效防控和高质量办馆"双丰收"的情况。

关于科技馆免费开放政策，傅齐珂（2017）[17]认为，科技馆是普及科学技术知识、进行科普教育、提高全民科学文化素质的重要公共场所。在科技馆的管理中，收费政策对参观人数有较明显的影响，科技馆免费开放政策的逐步实施，将对我国的科技文化知识普及产生较大的影响。杨希（2018）[18]从公共物品和新公共服务理论视角出发，阐述了科技馆免费开放政策的内涵、背景、变迁及作用，着重分析了科技馆免费开放政策自身存在的不足及实施中产生的问题，进而剖析问题产生的原因，并通过分析发达国家如美国、英国和日本的科技馆免费开放政策，提出完善科技馆免费开放政策的对策和建议。夏婷等（2018）[19]在梳理我国科技馆公共服务免费开放政策的基础上，分析了中央政策和地方配套政策的实施落实情况。认为总体实施效果良好，但还存在政策体系不够完善、政策可操作性不强、软件服务配套政策缺位等问题。从完善政策体系、明确免费开放补助资金使用导向和管理办法、建立免费开放科技馆监测评估体系等方面提出了免费开放下科技馆发展的建议。

关于科技馆免费开放评估评价，黄曼等（2014）[20]在概念界定和文献回顾的基础上，构建了适合我国免费开放科技馆的观众满意度测评指标体系，并以天津市等7省（市）科技馆为例进行了实证分析。通过因子分析得出了测评体系的指标权重和观众满意度综合得分的计算方式，研究发现免费开放科技馆的服务条件和内容是提高观众满意度的核心因素。聂卓（2016）[21]在借鉴国内外顾客满意度指数模型研究的基础上，构建了适合我国免费开放科技馆的观众满意度模型。该模型包括观众期望、服务感知质量、观众满意、观众抱怨和观众信任5个变量。结合免费开放科技馆的实际情况，对模型中各变量之间的关系进行了假设，并以天津市等7省（市）科技馆的观众为对象进行了实证研究。采用结构方程建模方法，对调查数据进行了多元分析，发现：观众期望对服务感知质量、服务感知质量对观众满意、观众满意对观众信任具有直接显著的正向影响，观众满意对观众抱怨、观众抱怨对观众信任具有直接显著的负向影响，而观众期望对观众满意不具有直接显著的影响。张楠楠等（2016）[22]通过两个层面探讨构建科技馆的绩效考核体系：一是科技馆展品及展陈效果绩效考核体系；二是科技馆员工的绩效考核体系。应桢（2018）[23]从尝试分析科技馆绩效评价中所需要考虑的因素入手，针对科技馆绩效考核提出了些许建议。任福君（2020）[24]在梳理相关文件和研究成果的基础上，提出了科技馆免费开放评估的总体设想、具体内容、评估角度和评估方法，并从相关政策制定与实施评估、开放运营管理评估、实施成效评估等方面对科技馆免费开放评估的具体内容进行了较为详细的研究。

对更加有效地开展科技馆免费开放评估工作，推动科技馆免费开放事业向纵深发展有一定的指导意义。任福君（2020）[25]根据免费开放科技馆的功能属性，确定了科技馆免费开放评估指标体系的构建原则，考虑不同角度评估工作的重点，设计了适应不同主体和要求的科技馆免费开放评估指标体系，包括免费开放科技馆自评估指标体系、各级科协主管部门自评估指标体系和科技馆免费开放第三方评估指标体系，最后对主要指标和考察要点进行了总结说明。可以为免费开放科技馆和科协主管部门开展自评估以及第三方评估提供标准和依据，规范免费开放科技馆的评估和运行管理，为中国特色现代科技馆体系建设提供支持，为科技馆事业的可持续发展提供参考。

关于科技馆免费开放经费及管理使用，程杨（2014）[26]介绍了国内外有关科技馆免费开放经费保障的研究现状，并阐明了科技馆、科技馆经费保障的概念。对我国科技馆免费开放经费保障的现状进行了分析，从科技馆免费开放后经费的来源和需求两方面作了分析，认为科技馆免费开放后将主要面临行政服务人员的工资、展品展项的研发和维护，以及场馆维护清理三方面的经费需求；免费开放后科技馆最主要的经费来源是政府的财政拨款，自营收入和社会支持资金十分有限。指出了我国科技馆免费开放的经费存在政府财政经费保障不足、吸纳社会资金力度不够、开展自营活动积极性不高等问题，并就其成因作了探讨。有效解决这些问题才能保障科技馆免费开放的正常运行。并在借鉴国外著名科技馆免费开放运行经费保障经验的基础上提出了保障我国科技馆免费开放经费的对策建议。夏婷等（2018）[19]从明确免费开放补助资金使用导向和管理办法等方面提出了相关建议。

关于科技馆免费开放宣传，张成贵等（2016）[27]提出做好科技馆免费开放后宣传的一些行之有效的做法。黄卉（2017）[12]强调在科技馆免费开放后，要加强与新闻媒体的交流合作，注重发挥正面宣传的舆论导向，凝聚社会层面的更多"正能量"，为科技馆创新发展提供必要的良好氛围；要注重官方网站、微信平台、文化长廊和电子视屏等媒体建设，宣传好科技馆的工作绩效，做好各种信息的发布和解难释疑工作。任鹏（2022）[28]梳理研究了有关文献资料，在总结科技馆免费开放宣传取得成效的基础上，对科技馆免费开放宣传中仍然存在的问题和成因进行了分析，提出了在新时代加强科技馆免费开放宣传工作、充分发挥科技馆免费开放作用的一些意见和建议，为有关部门修改完善相关规定和制定相关新政策提供参考和决策支撑。任鹏等（2020）[29]主要介绍了截至2019年年末的219家免费开放科技馆中的地市级以上科技馆的一般情况、展区展项、特色展品展项、参观信息和网站等。

这些公开发表的文献，从以上多个角度，对科技馆免费开放的历史、经验、现状、成绩、问题及原因、未来发展的政策策略和趋势等进行了研究。虽然相关文献还不够多，但是也在一定程度上呈现了我国科技馆免费开放的基本状况，为进一步推动我国科技馆免费开放事业的发展奠定了研究基础。

综上所述，到目前为止，还没有比较系统研究我国科技馆免费开放的学术专著或正式出版的研究报告。因此，作者依托国家自然科学基金项目、中国科协科普部2022年度推动实施全民科学素质行动第二批项目和2022年度"科技智库青年人才计划"项目的研究成果，力图从科技馆免费开放的几个实践视角入手，研究、整理、撰写一部学术专著或研究报告，希望能在一定程度上拓展和强化科技馆免费开放研究的广度和深度，为进一步推动我国科技馆免费开放事业科学化、高质量发展，尽一份绵薄之力。

1.2 科技馆免费开放基本情况

自2015年中宣部、财政部、中国科协联合推动全国科技馆免费开放工作以来，免费开放科技馆数量持续增加，免费开放覆盖范围逐步扩大，免费开放补助资金额度不断增长，服务效果及财政经费利用效益总体良好，达到了预期目标。这一举措提升了我国科普基础设施的公共服务能力，促进了科普的公平普惠，为提升全民科学素质做出了重要贡献。

为了进一步深入推进全国科技馆免费开放工作，为公众提供高质量的科普公共产品和服务，根据2022年1月《中国科协办公厅关于开展2021年度科技馆数据统计及科技馆免费开放有关材料报送工作的通知》要求，纳入全国科技馆免费开放的339家科技馆于2月下旬基本完成报送。根据各科技馆提交的各项运行数据、工作总结及调查数据，课题组进行了汇总和分析研究，形成了2021年度科技馆免费开放有关工作情况概括（详见本章末附表），现分析整理如下。

1.2.1 科技馆免费开放发展历程

党和国家高度重视现代科技馆体系建设，在《全民科学素质行动规划纲要（2021—2035年）》[30]等相关文件中都对加强现代科技馆体系建设提出了明确要求，有力支撑了科技馆免费开放事业发展。科技馆免费开放政策实施以来，中央财政补助资金持续增长，从2015年的3.46亿元增加到2022年的8.47亿元，年均增长13.64%。2015—2022年，中央财政经费累计投入资金50.43亿元，极大地改善了我国中西部地区和中小型科技馆经费困难的状况，促进了欠发达地区公共科普服务的公平普惠。免费开放科技馆数量由 2015 年的 92 家增长到 2022 年的 339 家，年均增加 20.47%，图 1-1 所示为免费开放科技馆数量的变化情况。

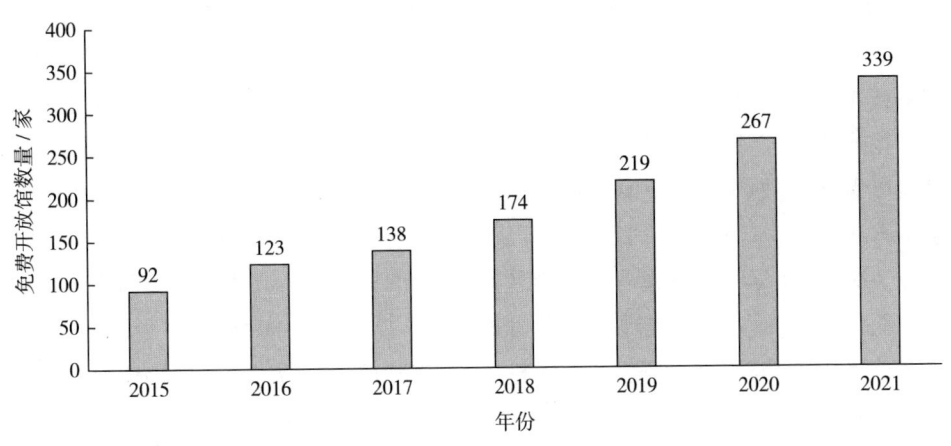

图1-1 2015—2021年全国免费开放科技馆数量

1.2.2 免费开放科技馆整体分布情况

2021 年度纳入全国免费开放科技馆共 339 家（表 1-1），从地域分布来看，东部、中部、西部地区占比分别为 28.62%、29.79%、41.59%。从场馆级别来看，县级科技馆占比达到 50.15%；地市级科技馆占比 42.18%；省级科技馆占比 7.67%。

表1-1 科技馆地区分布情况

（单位：家）

地　　区	科技馆类型			合计
	省级	地市级	县级	
东部地区	7	48	42	97
中部地区	7	51	43	101
西部地区	12	44	85	141
合计	26	143	170	339

注：按照国家统计局分类标准，东部地区包括北京市、天津市、河北省、辽宁省、上海市、江苏省、浙江省、福建省、山东省、广东省、海南省（海南省暂无免费开放科技馆）11 省（市）；中部地区包括山西省、吉林省、黑龙江省、安徽省、江西省、河南省、湖北省、湖南省 8 省；西部地区包括内蒙古自治区、广西壮族自治区、重庆市、四川省、贵州省、云南省、西藏自治区、陕西省、甘肃省、青海省、宁夏回族自治区、新疆维吾尔自治区 12 省（区、市）。

1.2.3 免费开放区域及面积

科技馆免费开放区域包括常设展厅、短期/临时展厅、多功能厅和科普活动室等，常设展厅是科技馆免费开放的主要场地。经统计，2021年免费开放的339家科技馆中，常设展厅、短期/临时展厅、多功能厅和科普活动室全部免费开放的场馆有173家（占51.03%），较2020年增加37家。除了常设展厅，短期/临时展厅免费开放的场馆有215家（占63.42%）；多功能厅免费开放的场馆有243家（占71.68%）；科普活动室免费开放的场馆有268家（占79.06%）。图1-2所示为2021年展览教育设施总面积排名前10位的科技馆。其中，展览教育设施总面积最大的5家免费开放科技馆为湖北省科学技术馆（44000平方米）、江西省科学技术馆（39857平方米）、重庆科技馆（35213平方米）、克拉玛依科学技术馆（34372平方米）、辽宁省科学技术馆（31725平方米）。

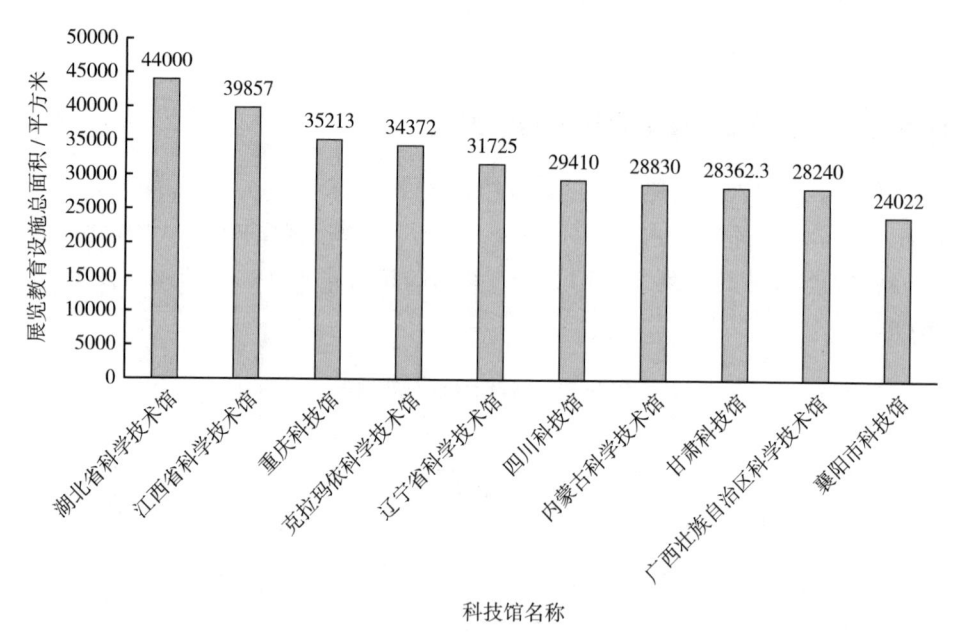

图1-2　2021年展览教育设施总面积排名前10位免费开放科技馆

1.3 场馆运行情况

1.3.1 免费开放时间

从免费开放天数来看，2021年大多数科技馆（237家，占比约70%）免费开放天数为200—300天，平均免费开放天数为226.87天，较2020年的176.76天有大幅增长，涨幅达到28.35%。免费开放天数超过300天以上的科技馆有16家。其中，内蒙古扎鲁特旗科学技术馆、山东日照市科技馆、广东河源市科技馆年开放天数超过360天。2021年科技馆免费开放天数情况如图1-3所示。

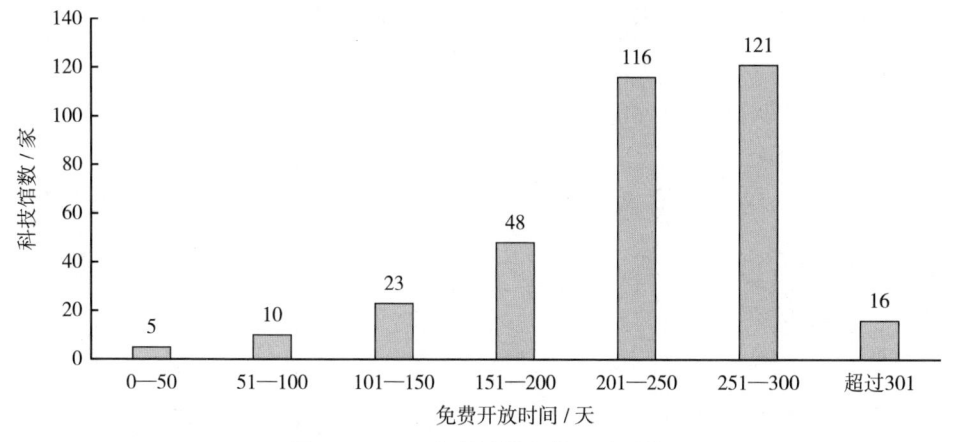

图1-3　2021年科技馆免费开放天数

从每周免费开放天数来看，2021年339家科技馆每周平均开放5.09天，有254家科技馆每周开放5天，占74.93%；有68家科技馆每周开放6天，占20.06%；另外有17家科技馆每周开放天数不超过4天，占5.01%，如图1-4所示。

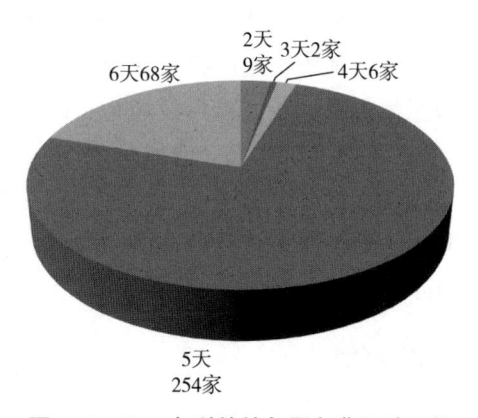

图1-4　2021年科技馆每周免费开放天数

1.3.2　观众参观数量

科技馆免费开放政策实施后，年观众人数逐年增加，从2015年的2612万人次增加到2019年的5564万人次，年均增长20.83%，如图1-5所示。2019年末新型冠状病毒感染疫情暴发以来，免费开放科技馆年度观众总量大幅下降，由2019年的5564万人次下降至2020年的2037.86万人次，减少63.37%。随着疫情防控的科学性和精准性不断提高，防疫政策取得了良好的效果。2021年免费开放科技馆观众参观量与2020年相比呈现大幅的增长，总体参观量从2020年的2037.86万人次增至3417.87万人次，增长率达到67.72%。

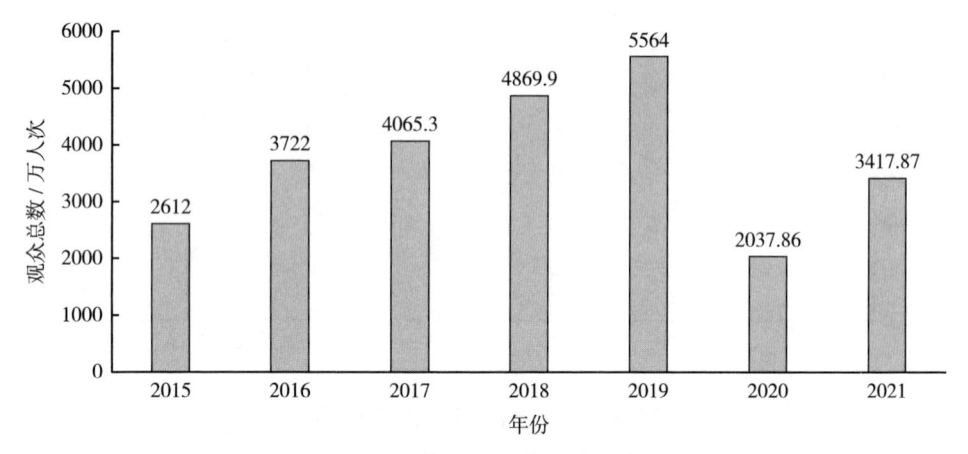

图1-5　2015—2021年度免费开放科技馆观众总人次

具体来说，2021年观众参观量最多的10家科技馆依次为重庆科技馆、四川科技馆、辽宁省科学技术馆、武汉科学技术馆、广西壮族自治区科学技术馆、山西省科学技术馆、中国杭州低碳科技馆、马鞍山市科技馆、内蒙古科学技术馆、南京科技馆，如图1-6所示。其中，重庆科技馆观众参观人次最多，为185.45万人次。2021年参观数量增长最大的3家科技馆为：山西省科学技术馆，观众增加74.72万人次；武汉科学技术馆，观众增加63.04万人次；重庆科技馆，观众增加52.45万人次。观众参观数量下降最大的3家科技馆分别为：河南永城市科学技术馆，观众减少9.34万人次；单县科技馆，观众减少9.24万人次；江津科技馆，观众减少8.3万人次。

1.3.3　常设展厅展品完好率

2021年，全国免费开放科技馆常设展厅展品平均完好率为92.45%，与2020年展品总体完好率（92.49%）基本持平，大多数科技馆（285家，占比84.07%）常设展厅展品完好率在90%以上。展品完好率上升幅度最大的是柳州科技馆，下降幅度最大的是果洛藏族自治州科学技术馆。图1-7所示为2021年全国免费开放科技馆常设展厅展品平均完好率统计。

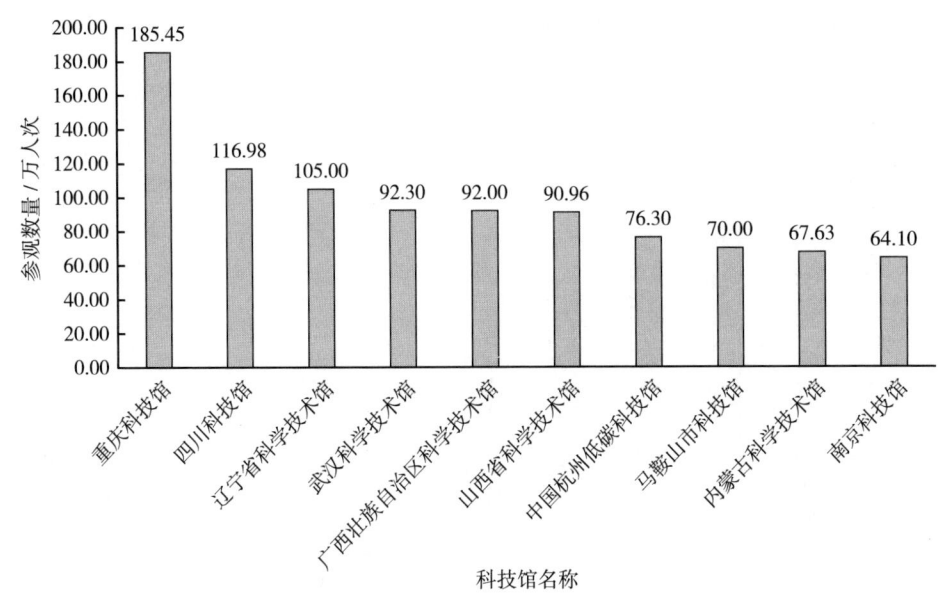

图1-6　2021年度参观人次前10位的免费开放科技馆

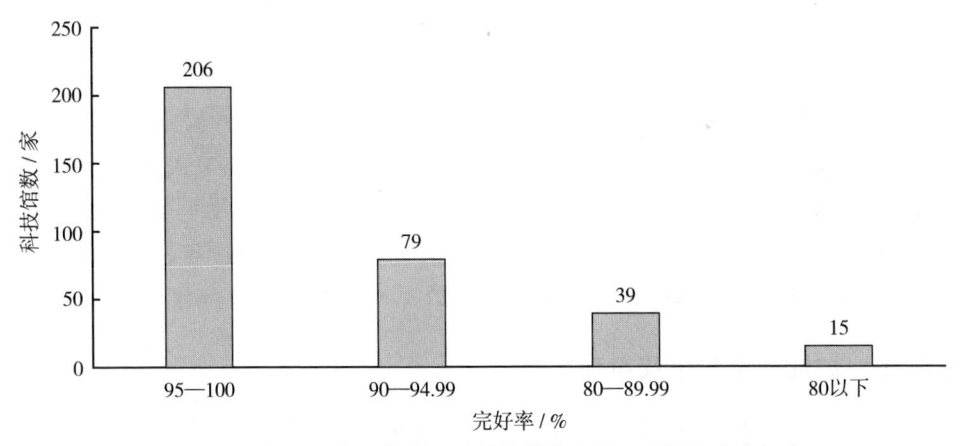

图1-7　2021年全国免费开放科技馆常设展厅展品平均完好率

1.3.4　教育活动开展情况

2021年，全国免费开放科技馆都开展了形式多样、丰富多彩的教育活动，与2020年场馆教育活动的总体开展比例基本持平，基本实现教育活动全覆盖。2021年，开展教育活动次数最多的是3家科技馆分别是四川科技馆（6845次）、曲靖市科学技术馆（5755次）、甘肃科技馆（5281次）。与2020数据对比，2021年教育活动举办次数增长的科技馆占比28.63%，下降的科技馆占比25.57%，持平的科技馆占比 45.80%。图 1-8 所示为 2021 年教育活动举办次数排前 10 名的免费开放科技馆。

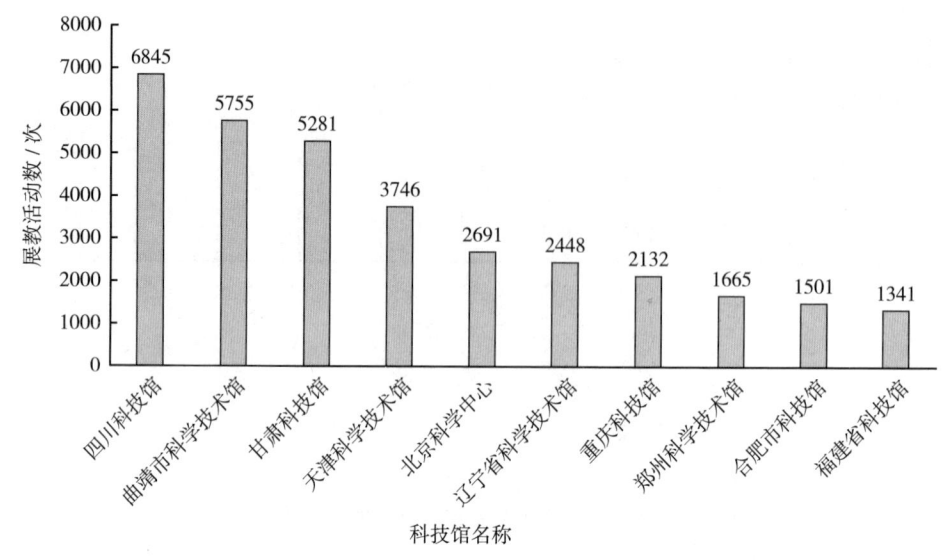

图1-8 2021年教育活动举办次数排前10名的免费开放科技馆

图 1-9 所示为 2021 年教育活动服务总人次排前 10 名的免费开放科技馆。其中，参加教育活动观众总量最多的科技馆是安徽省科学技术馆（553600 人次），其后依次是广西壮族自治区科学技术馆（376415 人次）、山西省科学技术馆（322985 人次）、石嘴山市科技馆（320483 人次）。与 2020 数据对比，2021 年教育活动服务总人次增长的科技馆占 54.79%，下降的科技馆占 40.61%，持平的科技馆占 4.60%。

1.3.5 短期展览数量及参观人数

2021 年，免费开放科技馆中有 159 家推出了短期展览（占 46.90%），比 2020 年降低了 2.72%。2021 年短期展览数量前 3 位的免费开放科技馆分别是中国杭州低碳科技馆（开展短期展览 11 个）、辽宁省科学技术馆（开展短期展览 10 个）、南京科技馆（开展短期展览 9 个）。

图 1-10 所示为短期展览参观人数排前 10 名的免费开放科技馆。短期展览参观人数较多的科技馆有四川科技馆（75 万人次）、重庆科技馆（71.74 万人次）、辽宁省科学技术馆（70 万人次）、中国杭州低碳科技馆（69.3 万人次）、南京科技馆（64.1 万人次）。与 2020 年相比，2021 年短期展览参观人数上升的科技馆占 44.27%，短期展览参观人数下降的科技馆占 21.76%，短期展览参观人数持平

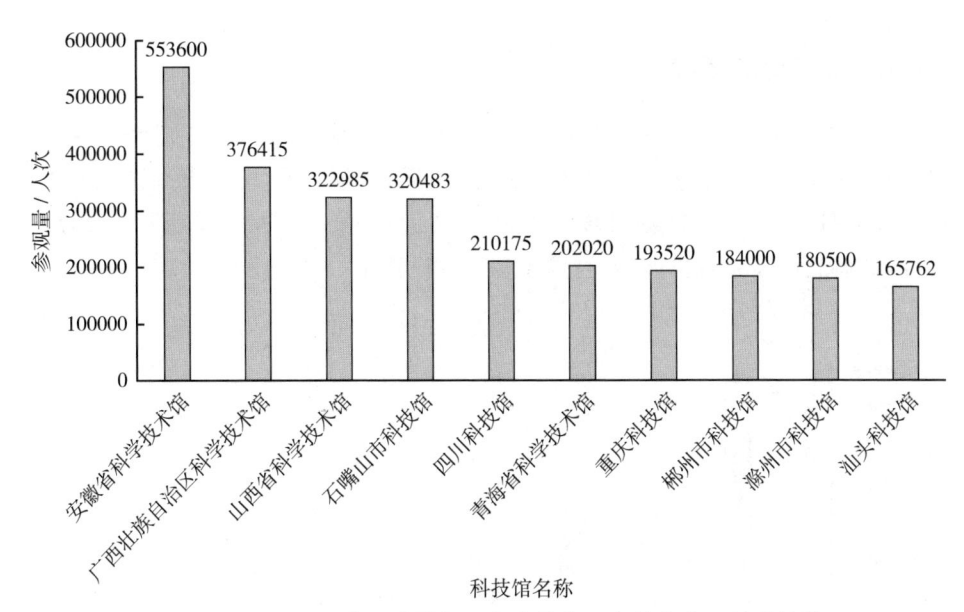

图1-9 2021年教育活动服务总人次排前10名的免费开放科技馆

的科技馆占 33.97%。参观人数增量较大的有辽宁省科学技术馆增加 55 万人次、四川科技馆增加 40.7 万人次、台州市科技馆增加 35.81 万人次。参观人数降幅较大的科技馆有江津科技馆，比上年减少 21.8 万人次；绍兴科技馆，比上年减少 11.1 万人次。

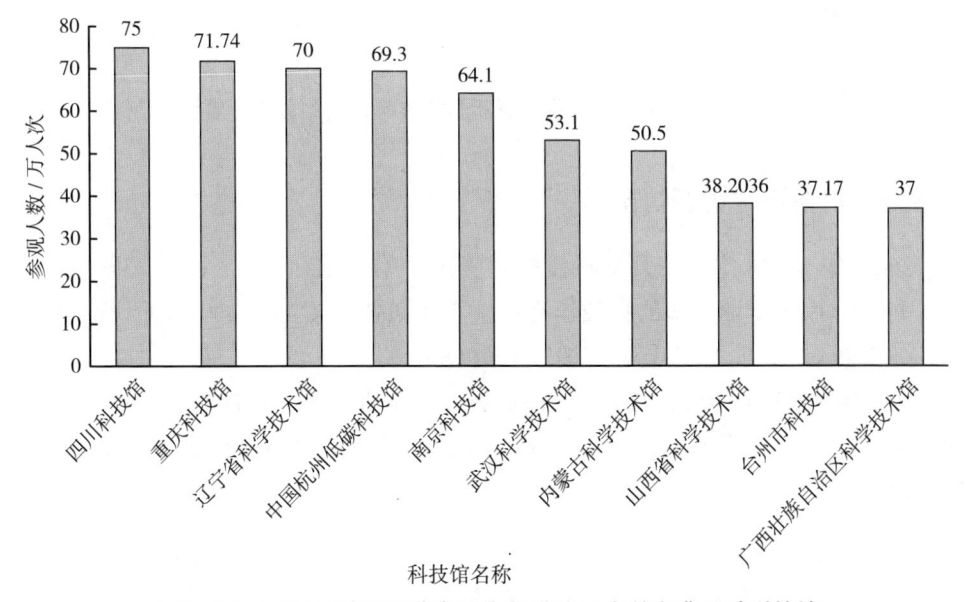

图1-10 2021年短期展览参观人数排前10名的免费开放科技馆

1.3.6 展品更新情况

2021年，免费开放科技馆中有232家进行了展品更新，占比68.44%；与2020年基本持平（68.70%）。其中，展品更新数量较多的有江西省科学技术馆（更新410件/套）、寻甸县科技馆（更新363件/套）。图1-11所示为2021年常设展览展品更新总数排前10名的免费开放科技馆。

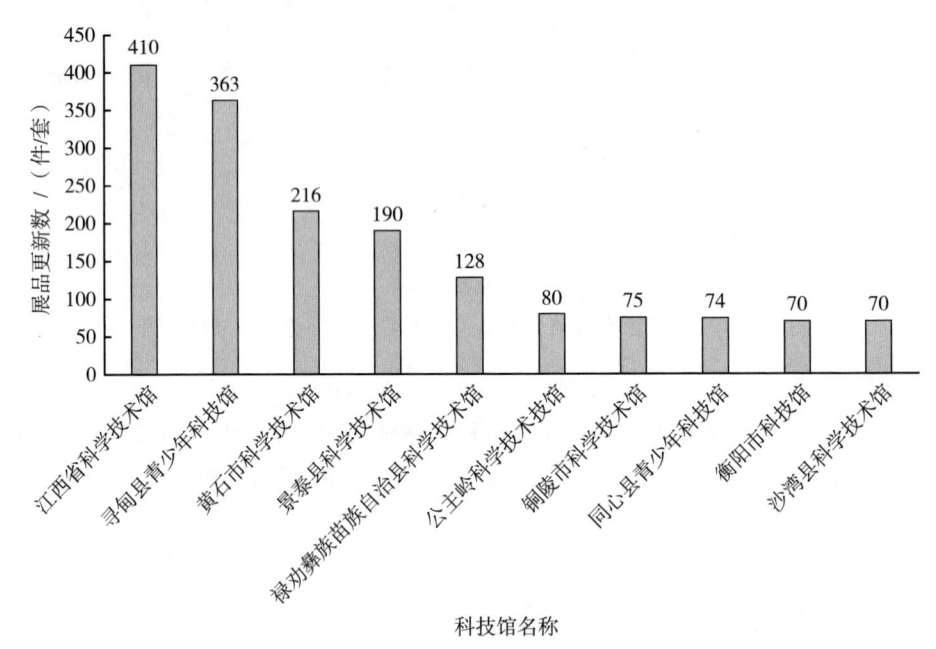

图1-11　2021年常设展览展品更新总数排前10名的免费开放科技馆

1.3.7 科普影片更新情况

2021年有114家免费开放科技馆对科普影片进行了更新，占比33.63%。其中，科普影片更新量较多的科技馆有：伊春市科技馆（更新200部）、衡阳市科技馆（更新60部）、宁南县科技馆（更新58部）。

与2020年数据相比，2021年科普影片更新量上升的科技馆占比14.50%，科普影片更新量下降的科技馆占比13.74%，科普影片更新量持平的科技馆占比71.76%。

1.4 2022年新增及改建免费开放科技馆情况

1.4.1 新增免费开放科技馆情况

2022年度新增58家免费开放的科技馆,其中,东部地区15家,中部地区19家,西部地区24家;省级科技馆1家(河南省科学技术馆),地市级科技馆18家,县级科技馆39家。

从省区分布看,内蒙古自治区新增5家,辽宁省和广东省各新增4家,安徽省、河南省、云南省、新疆维吾尔自治区各新增3家,河北省、山东省、湖南省、甘肃省各新增2家,山西省、吉林省、江西省、重庆市、四川省、宁夏回族自治区各新增1家。图1-12所示为2022年新增免费开放科技馆省区分布情况。

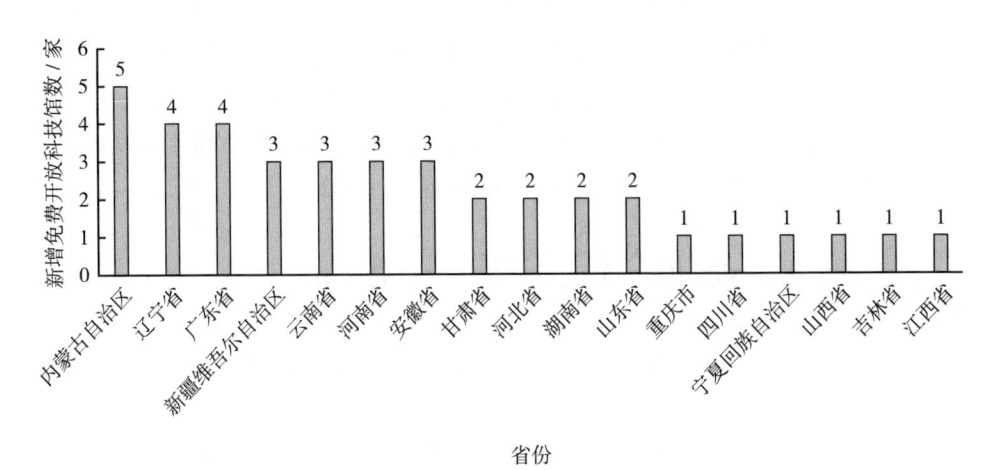

图1-12 2022年度新增免费开放科技馆省区分布情况

在2022年新增的免费开放科技馆中,云南省的凤庆县科学技术馆、双江自治县科技馆,新疆生产建设兵团的第五师双河市科技馆未填报信息。已填报信息的37家免费开放科技馆具体情况如下。

从建筑面积看,新增免费开放科技馆建筑总面积为312220.9平方米,其中有7家科技馆建筑面积超过1万平方米。建筑面积较大的新增免费开放科技馆有:河南省科学技术馆,建筑面积为130400平方米;江苏省南通市海门区科技馆,建筑面积为22385.4平方米;湖南省永州市科技馆,建筑面积为15374.02平方米;江西省景德镇市科技馆,建筑面积为14500平方米;安徽省阜阳市科学技术馆,建筑面积为13904平方米;山西省朔州市科学技术馆,建筑面积为12570平方米;

安徽省宿州市科技馆，建筑面积为 11800 平方米。

从常设展厅面积看，新增免费开放科技馆常设展厅总面积达到 115879.6 平方米，其中，河南省科学技术馆常设展厅面积最大，为 26093 平方米。

从常设展厅资产总额看，新增免费开放科技馆常设展厅展品总资产达到 62887.66 万元，其中，河南省科学技术馆常设展厅展品总资产最高为 17012 万元，江苏省南通市海门区科技馆常设展厅展品总资产也过亿元，达到 11000 万元。

从建成开放时间看，2019 年以前建成开放的 9 家，2020 年建成开放的 10 家，2021 年建成开放的 16 家，2022 年建成开放的 2 家，近 3 年建成开放的科技馆占总数的 75.68%。

1.4.2 利用已有场所改建科技馆情况

为进一步优化科普资源配置，中国科协鼓励已有场馆改（扩）建成科技馆，2022 年有 2 家利用已有场所改建科技馆，并纳入免费开放科技馆范围。其中，河南省修武县科技馆由修武县文化城改建，甘肃天水市科技馆由商贸城改建。

从规划建筑面积看，修武县科技馆建筑面积为 5923 平方米，天水市科技馆建筑面积为 4600 平方米。

从规划常设展厅面积看，修武县科技馆常设展厅面积 1200 平方米，天水市科技馆常设展厅面积 2800 平方米。

从改建完成的开放时间看，修武县科技馆和天水市科技馆均于 2021 年建成开放。

附表：2021年度全国免费开放科技馆基本情况统计表

附表1-1　2021年度全国免费开放科技馆基本情况统计表（1）

序号	单位名称	场馆级别	场馆每周开放时间	现建筑总面积/平方米	常设展厅面积/平方米	临时展厅面积/平方米	展览教育设施总面积/平方米
1	北京科学中心	省部级	周三至周日	43500	10580	2490	19599
2	天津科学技术馆	省部级	周三至周日	18000	10000	1000	12034
3	武清区科技馆	地市级	周二至周日	2807.56	1242.8	270.85	2326.12
4	河北省科学技术馆	省部级	周二至周日	24783.92	8400	0	9870
5	晋州市科技馆	县级	周六、周日	1200	1000	0	1000
6	邯郸市科学技术馆	地市级	周一至周六	2400	1710	300	2400
7	馆陶县科学技术馆	县级	周二至周日	3300	3000	0	3070
8	阜城县科学技术馆	县级	周二至周日	5830	3800	0	4350
9	唐山科技馆	地市级	周二至周日	41007	17000	4000	23720
10	遵化市科学技术馆	县级	周二至周日	2400	1800	200	2400
11	平乡县科学技术馆	县级	周二至周日	2000	1500	260	1920
12	张家口市科技馆	地市级	周二至周日	3580	1230	0	1600
13	山西省科学技术馆	省部级	周二至周日	30000	13290	800	17251.98
14	晋中市科技馆	地市级	周二至周日	19600	5368	400	6529.5
15	内蒙古科学技术馆	省部级	周二至周日	48300	14177	3730	28830
16	呼和浩特市科学技术馆	地市级	周二至周日	2985.92	1249.57	0	1249.57
17	土默特左旗青少年科技馆	县级	周二至周日	3103	1115	1068	3103
18	和林格尔县科技馆	县级	周二至周日	2060	1672	110	1900
19	阿拉善高新区科学技术馆	县级	周一至周六	3853	2797	100	3707
20	阿拉善盟科学技术馆	地市级	周三至周日	8390	6350	1246	8390

第1章　科技馆免费开放工作概况

续表

序号	单位名称	场馆级别	场馆每周开放时间	现建筑总面积/平方米	常设展厅面积/平方米	临时展厅面积/平方米	展览教育设施总面积/平方米
21	巴彦淖尔市科学技术馆	地市级	周四至周日	5000	3500	0	4000
22	磴口县科学技术馆	县级	周三至周日	1100	1000	0	1030
23	乌拉特前旗青少年科技馆	县级	周三至周日	1600	1400	0	1600
24	乌拉特中旗青少年科技馆	县级	周三至周日	3000	2300	0	2870
25	乌拉特后旗青少年科技馆	县级	周一至周日	2000	771	0	1554
26	杭锦后旗科学技术馆	县级	周三至周日	7100	3500	1800	7100
27	阿鲁科尔沁旗科技馆	县级	周三至周日	2000	1779	0	1951
28	巴林右旗科技馆	县级	周三至周日	1000	1000	0	1100
29	翁牛特旗科技馆	县级	周三至周日	1016	1016	0	1016
30	宁城县青少年科技馆	县级	周一至周五	1500	1000	0	1000
31	鄂尔多斯市科学技术馆	地市级	周三至周日	5735	2798	1266	4464
32	鄂托克前旗科学技术馆	县级	周一至周日	2800	512	150	1200
33	鄂托克旗旗科技馆	县级	周三至周日	1000	1000	0	1000
34	呼伦贝尔市科学技术馆	地市级	周三至周日	13000	8600	1000	10564
35	莫力达瓦达斡尔族自治旗科技馆	县级	周三至周日	1100	1100	0	1100
36	呼伦贝尔市扎赉诺尔区儿童科技馆	县级	周二至周日	3697.5	2000	500	3300
37	满洲里市科学技术馆	县级	周三至周日	4000	1500	470	3100
38	阿荣旗科技馆	县级	周三至周日	2841	1678	528	2786
39	鄂伦春自治旗科技馆	县级	周三至周日	1520	800	0	1300
40	新巴尔虎右旗科学技术馆	县级	周三至周日	1080	1080	0	1080
41	科尔沁左翼中旗科学技术馆	县级	周三至周日	1820	1120	200	1820

续表

序号	单位名称	场馆级别	场馆每周开放时间	现建筑总面积/平方米	常设展厅面积/平方米	临时展厅面积/平方米	展览教育设施总面积/平方米
42	科左后旗科学技术馆	县级	周三至周日	1200	340	270	1080
43	奈曼旗科学技术馆	县级	周六、周日	1500	990	0	1150
44	扎鲁特旗科学技术馆	县级	周一至周日	2000	1000	100	1500
45	化德县科技馆	县级	周五至周日	800	700	0	800
46	乌兰察布科技馆	地市级	周二至周六	17300	6722	2000	10645
47	丰镇市科学技术馆	县级	周六、周日	2200	1000	0	1360
48	商都县科技馆	县级	周三至周六	1536	1100	0	1230
49	兴和县科技馆	县级	周三至周日	6000	1000	0	1260
50	苏尼特左旗青少年科技馆	县级	周一至周五	1500	1100	80	1300
51	太仆寺旗青少年校外活动中心	县级	周三至周六	4399.27	1337.49	140	3105.71
52	镶黄旗科技馆	县级	周三、周五	1200	700	80	1000
53	正镶白旗科技馆	县级	周三至周日	1020	620	120	1020
54	正蓝旗青少年中心科技馆	县级	周二至周四,周六、周日	1200	1100	0	1100
55	多伦县科技馆	县级	周三、周五至周日	1200	410	300	1010
56	兴安盟科学技术馆	地市级	周三至周日	7615	4160	500	5244
57	科尔沁右翼前旗科技馆	县级	周一至周五	6200	2200	200	2680
58	辽宁省科学技术馆	省部级	周三至周日	102508	17250	2751	31725
59	朝阳市科学技术馆	地市级	周三至周日	7039	5100	200	6220
60	锦州市科技馆	地市级	周六、周日	2475	1276.22	0	1350.8
61	辽阳市科技馆	地市级	周三至周日	14015	7395	1340	11505
62	铁岭市科学技术馆	地市级	周三至周日	4851	3090	0	3690

续表

序号	单位名称	场馆级别	场馆每周开放时间	现建筑总面积/平方米	常设展厅面积/平方米	临时展厅面积/平方米	展览教育设施总面积/平方米
63	营口市科学技术馆	地市级	周三至周日	7740	2600	250	3260
64	吉林省科技馆	省部级	周三至周日	43000	10000	1000	15767
65	榆树市科技馆	县级	周三至周日	1600	1000	300	1600
66	吉林市科学技术馆	地市级	周三至周日	3249	1498	412	2710
67	抚松县科学技术馆	县级	周三至周日	1420	1080	0	1080
68	辽源市科学技术馆	地市级	周日、周六	8492	3230	470	4270
69	公主岭市科学技术馆	县级	周二周四、周六、周日	2400	1545	0	1545
70	乾安县科学技术馆	县级	周三至周日	2208.5	1445.6	0	1955.6
71	梅河口市科学技术馆	县级	周三至周日	5851	2766	200	3300
72	集安市科学技术馆	县级	周一至周五	1600	1260	80	1340
73	延边朝鲜族自治州科学技术馆	地市级	周三至周日	3600	2600	0	2740
74	图们市科学技术馆	县级	周三至周日	4835	1300	300	1753
75	珲春市科学技术馆	县级	周三至周日	5000	2800	300	3750
76	哈尔滨科学宫	地市级	周二至周日	4700	1662	134	2978
77	黑龙江省科学技术馆	省部级	周三至周日	25000	12000	500	14364
78	大庆市科学技术馆	地市级	周三至周日	10229	7500	310	8985
79	萝北县科技馆	县级	周三至周日	1100	1080	0	1080
80	黑河市科技馆	地市级	周三至周日	2083	1500	129	1772.7
81	北安市科技馆	县级	周三至周日	3500	3440	0	3500
82	嫩江市科技馆	县级	周三至周日	1112.21	1042.21	30	1112.21
83	孙吴县科技馆	县级	周三至周日	1277	1220	0	1277
84	富锦市科学技术馆	县级	周一至周五	1700	1000	200	1665

第1章 科技馆免费开放工作概况

续表

序号	单位名称	场馆级别	场馆每周开放时间	现建筑总面积/平方米	常设展厅面积/平方米	临时展厅面积/平方米	展览教育设施总面积/平方米
85	抚远市科学技术馆	县级	周三至周日	1000	1000	0	1000
86	齐齐哈尔市科学技术馆	地市级	周二至周六	2850.03	1154.36	1100	2850.03
87	龙江县科学技术馆	县级	周二至周日	1400	1400	0	1400
88	绥化市科技馆	地市级	周二至周日	1300	1230	0	1300
89	安达市科学技术馆	县级	周二至周日	1315	975	30	1295
90	伊春市科技馆	地市级	周二、周三、周五至周日	2500	1326	600	2271
91	上海市松江区科技馆	地市级	周二至周日	3566	1909	200	2389
92	南京科技馆	地市级	周二至周日	30000	16300	800	22200
93	太仓市科技活动中心	县级	周二至周日	5000	3000	500	4246
94	宜兴市科技馆	县级	周二至周日	12000	4165	374	5669
95	盱眙铁山寺天文科技馆	县级	周二至周日	2200	1190	0	1530
96	金湖县科技馆	县级	周二、周四、周六、周日	5000	1480	0	1630
97	东海县青少年科技活动中心	县级	周二至周日	4580	3500	0	4400
98	灌云县科技馆	县级	周一、周四至周日	5700	4000	450	5588
99	灌南县科技馆	县级	周三至周日	1500	1100	60	1320
100	南通科技馆	地市级	周三至周日	6000	2000	500	3400
101	泰州市科技馆	地市级	周三至周日	16590	6096	660	9838
102	新沂市科技馆	县级	周二至周日	3251	2996	100	3251
103	盐城市科技馆	地市级	周三至周日	20500	8800	1200	12105

续表

序号	单位名称	场馆级别	场馆每周开放时间	现建筑总面积/平方米	常设展厅面积/平方米	临时展厅面积/平方米	展览教育设施总面积/平方米
104	扬州科技馆	地市级	周三至周日	31000	12800	500	16060
105	浙江省科技馆	省部级	周三至周日	30452	10753	1105	14526
106	中国杭州低碳科技馆（杭州低碳科技馆）	地市级	周三至周日	34009	11380.8	3621.4	16487.2
107	杭州市临平区科技馆（杭州市临平区反邪教宣传教育中心）	县级	周三至周日	5000	2800	800	4120
108	湖州市科技馆	地市级	周三至周日	8974	5593	300	6622
109	嘉兴市科技馆	地市级	周三至周日	7835	2200	300	4165
110	绍兴科技馆	地市级	周三至周日	31000	11915	2060	19584
111	台州市科技馆	地市级	周三至周日	26000	8330	0	9122
112	温州科技馆	地市级	周三至周日	27800	15000	1500	18200
113	安庆科学技术馆	地市级	周三至周日	6100	5370	0	6100
114	桐城市科学技术馆	县级	周三至周日	2640	400	200	860
115	枞阳县科学技术馆	县级	周三至周日	3903.56	2500	300	3900
116	安徽省蚌埠市科学技术馆	地市级	周三至周日	3000	2115	0	2540
117	池州科技馆	地市级	周三至周日	6503	3823	179.52	4396.57
118	滁州市科学技术馆	地市级	周三至周日	15515	4800	0	5420.5
119	来安县科学技术馆	县级	周三至周日	3500	2200	0	2442
120	淮北市科学技术馆	地市级	周二、周四、周六、周日	967.3	947.3	0	967.3
121	六安市科技馆	地市级	周三至周日	14000	6500	2000	9920
122	金寨县科技馆	县级	周三至周日	1860	1080	300	1380
123	马鞍山市科技馆	地市级	周三至周日	32000	14000	2000	16900

续表

序号	单位名称	场馆级别	场馆每周开放时间	现建筑总面积/平方米	常设展厅面积/平方米	临时展厅面积/平方米	展览教育设施总面积/平方米
124	铜陵市科学技术馆	地市级	周三至周日	3000	2500	450	3000
125	芜湖科技馆	地市级	周三至周日	16600	8800	300	11120
126	安徽省科学技术馆	省部级	周三至周日	12000	5000	200	6000
127	合肥市科技馆	地市级	周三至周日	12000	5800	1000	8274
128	福建省科技馆	省部级	周三至周日	8000	4000	0	5700
129	福州科技馆	地市级	周三至周日	8000	7200	0	7300
130	福清市科技馆	县级	周三至周日	11743.6	5020	500	6582.2
131	龙岩市科技馆	地市级	周三至周日	12638	2580	300	3580
132	龙岩市永定区科技馆	县级	周三至周日	1200	1200	0	1200
133	武平县科技馆	县级	周三至周日	3900	2000	1390	3900
134	屏南县科技馆	县级	周三至周日	1265.56	1020	0	1050
135	莆田市科技馆	地市级	周三至周日	34385.31	11596	902	14439
136	泉州市科技馆	地市级	周一至周日	7060	3350	400	4260
137	泉州市泉港区科技馆	县级	周三至周日	6500	1070	0	1220
138	晋江市科技馆	县级	周二至周日	6870.04	2237	0	2937
139	三明市科技馆	地市级	周三至周日	8903	4490	0	6423
140	厦门市同安区科学技术馆	县级	周三至周日	4880	2700	88	3217
141	漳州科技馆	地市级	周三至周日	6581	4687	36	5169
142	江西省科学技术馆	省部级	周三至周日	65906.28	16481.78	5704	39857.78
143	赣州科技馆	地市级	周三至周日	6523	5500	350	6448
144	瑞金科技馆	县级	周三至周日	5030.22	1627	360	2539
145	吉安市科技馆	地市级	周三至周日	28000	12000	1592	14376
146	萍乡市科技馆	地市级	周三至周日	18951	15451	1600	18681

续表

序号	单位名称	场馆级别	场馆每周开放时间	现建筑总面积/平方米	常设展厅面积/平方米	临时展厅面积/平方米	展览教育设施总面积/平方米
147	上饶市科技馆	地市级	周三至周日	11220.54	1850	0	2450
148	新余市科技馆	地市级	周三至周日	5000	3100	800	4100
149	鹰潭市科技馆	地市级	周三至周日	43715.62	7041	464	8401
150	山东省科技馆	省部级	周三至周日	21000	12000	1000	14440
151	青岛市科技馆	地市级	周三至周日	4421.79	1347	0	3975
152	滨州市科技馆	地市级	周三至周日	8283	4600	795	6195
153	阳信县科技馆	县级	周三至周日	4500	1550	250	2760
154	无棣县科技馆	县级	周三至周日	5000	3100	400	5000
155	东营市科学技术馆	地市级	周三至周日	27000	9500	3000	14800
156	东营市垦利区科学技术馆	县级	周六、周日	4400	1100	0	1140
157	菏泽市科技馆	地市级	周三至周日	15708	8014	800	10702
158	曹县科技馆	县级	周三至周日	11000	7000	1700	10800
159	单县科技馆	县级	周三至周日	24523.63	7076.01	597	9998.56
160	菏泽市定陶区科技馆	地市级	周三至周日	1500	1100	0	1240
161	济宁科技馆	县级	周三至周日	31000	9200	1220	11475.5
162	鱼台县科技馆	县级	周三至周日	5841	5150	531	5841
163	梁山县科技馆	县级	周三至周日	5958	5000	300	5700
164	聊城市科技馆	地市级	周三至周日	7077	5019	0	7019
165	临沂市科技馆	地市级	周三至周日	27000	10249.5	1150	12988
166	郯城县科技馆	县级	周三至周日	5800	4900	200	5800
167	沂水县科技馆	县级	周二至周日	5000	2600	0	2800
168	临沭县科技馆	县级	周一至周五	5560	4200	300	5560
169	日照市科技馆	地市级	周一至周日	19633.37	6078	2350	12037.4

续表

序号	单位名称	场馆级别	场馆每周开放时间	现建筑总面积/平方米	常设展厅面积/平方米	临时展厅面积/平方米	展览教育设施总面积/平方米
170	日照市岚山区科技馆	县级	周二至周日	8400	3500	0	4150
171	泰安市科技馆	地市级	周二至周日	8700	3400	1170	5300
172	新泰市科技馆	县级	周三至周日	1660	1100	150	1660
173	威海市科学技术馆	地市级	周二至周日	6000	3100	540.27	4461.97
174	潍坊市科技馆	地市级	周二至周日	27000	14900	800	17360
175	高密市科技馆	县级	周二至周四,周六、周日	1450	1020	0	1020
176	莱州市科技馆	县级	周二、周三、周五周日	7010	1100	5600	7010
177	枣庄市科技馆	地市级	周三至周日	8329.52	4100	250	8329.52
178	淄博市科学技术馆	地市级	周二至周日	15000	7105	1160	10280
179	高青县科学技术馆	县级	周一至周五	1170	1000	170	1170
180	郑州科学技术馆	地市级	周二至周日	8426	4353.82	600	5614.27
181	洛阳市科学技术馆	地市级	周二至周日	10690	6300	0	6693
182	洛阳市孟津区科学技术馆	县级	周三至周日	8570	3670	0	3670
183	汝阳县科学技术馆	县级	周二至周日	3000	1500	800	2500
184	鹤壁市科技馆	地市级	周二至周日	29847	11422.97	659	12958.94
185	济源市科学技术馆	地市级	周三至周日	5962	4000	700	5400
186	焦作市科技馆	地市级	周二至周日	8986	6160	620	7130
187	南阳市科学技术馆	地市级	周二至周日	10478	5400	383	8368
188	方城县科学技术馆	县级	周三至周日	1700	1120	0	1200
189	西峡县科学技术馆	县级	周三至周日	5000	3200	100	4140
190	镇平县科技馆	县级	周三至周日	1500	800	300	1300

续表

序号	单位名称	场馆级别	场馆每周开放时间	现建筑总面积/平方米	常设展厅面积/平方米	临时展厅面积/平方米	展览教育设施总面积/平方米
191	唐河县科技馆	县级	周三至周日	3160	2580	0	2646
192	平顶山市科技馆	地市级	周二至周日	6600	2200	0	2200
193	宝丰县科技馆	县级	周三至周日	6111	3450	0	3600
194	三门峡市科技馆	地市级	周三至周日	10214	6272	921	10214
195	永城市科学技术馆	县级	周三至周日	8300	6600	200	7200
196	信阳市科学技术馆	地市级	周三至周日	1560	1000	0	1560
197	固始县科学技术馆	县级	周三至周日	12985	9200	570	12740
198	许昌市科学技术馆	地市级	周三至周日	12000	6347	375	7500
199	漯河市科技馆	地市级	周三至周日	11864.53	5500	300	6100
200	濮阳县科技馆	县级	周三至周日	2900	1300	750	2130
201	武汉科学技术馆	地市级	周三至周日	30162.21	16030	1630	18300
202	湖北省科学技术馆	省部级	周四、周五	70300	18856	2535	44000
203	黄冈市科技馆	地市级	周三至周日	5200	3150	300	4210
204	武穴市科技馆	县级	周三至周日	2185	1500	60	1780
205	红安县科技馆	县级	周三至周日	3600	1700	300	2760
206	罗田县科学技术馆	县级	周三至周日	2500	1500	200	2000
207	浠水县科技馆	县级	周三至周日	2600	1550	0	1603
208	黄石市科学技术馆	地市级	周三至周日	6818	6818	0	6818
209	荆门市科技馆	地市级	周三至周日	17000	3000	0	3060
210	荆州市科技馆	地市级	周三至周日	12000	3000	0	6300
211	十堰市科学技术馆	地市级	周三至周日	5000	1260	0	1350
212	襄阳市科技馆	地市级	周三至周日	43268	17125	1064	24022
213	老河口市科技馆	县级	周三至周日	5600	4300	0	4500

续表

序号	单位名称	场馆级别	场馆每周开放时间	现建筑总面积/平方米	常设展厅面积/平方米	临时展厅面积/平方米	展览教育设施总面积/平方米
214	南漳县科技馆	县级	周二至周四、周六、周日	3400	2000	800	3320
215	保康县科技馆	县级	周二至周日	2857	1123	60	1343
216	孝感市科技馆	地市级	周二至周日	3046	1598	400	2198
217	当阳市科技馆	县级	周二至周日	4000	1000	900	4000
218	枝江市科学技术馆	县级	周二至周日	7322.47	5080	440	6403
219	建始县科学技术馆	县级	周二至周日	2200	1100	0	1100
220	湖南省科学技术馆	省部级	周二至周日	28113	12058	1200	15020
221	浏阳市艺术科技馆	县级	周二至周日	6655.8	4800	0	5320
222	常德市科学技术馆	地市级	周二至周日	12000	4925	673	6769
223	郴州市科技馆	地市级	周二至周日	3500	1800	150	2450
224	衡阳市科学技术馆	地市级	周二至周日	4495	1640	300	3210
225	怀化市科学技术馆	地市级	周二至周日	18500	5588	0	7569
226	辰溪县科技馆	县级	周二至周日	1264	1060	0	1261
227	邵阳市科技馆	地市级	周二至周日	5880	4070	660	5880
228	岳阳市科技馆	地市级	周二至周日	6000	4000	500	6000
229	广州市科学技术发展中心	地市级	周二至周日	6966.93	1000	0	3450
230	深圳市科学馆	地市级	周二至周日	12023.6	4394.3	0	5909.3
231	深圳市宝安区科技创新服务中心	县级	周二至周日	14700	3106	956	9036
232	东莞科学馆	地市级	周二至周日	15477	2630	3295	7170
233	东源县科技馆	县级	周二至周日	2043.04	1043	190	1643
234	和平县科技馆	县级	周二至周日	1267	1267	0	1267
235	河源市科技馆	地市级	周一至周日	4330	2500	0	2850

027

续表

序号	单位名称	场馆级别	场馆每周开放时间	现建筑总面积/平方米	常设展厅面积/平方米	临时展厅面积/平方米	展览教育设施总面积/平方米
236	惠州科技馆	地市级	周三至周日	18070	7550	100	8250
237	阳山县科技馆	县级	周二至周日	3000	1800	300	3000
238	汕头科技馆	地市级	周三至周日	32600	7100	2600	12000
239	韶关市曲江区科技馆	县级	周三至周日	3500	2100	1200	3300
240	韶关市科技馆	地市级	周三至周日	8427.6	3694	315	4779.55
241	阳江市科技馆	地市级	周三至周日	5000	2200	500	3800
242	南宁市科技馆	地市级	周三至周日	35241.3	7221.4	2745.2	15206.3
243	广西壮族自治区科学技术馆	省部级	周二至周日	38988	20000	2400	28240
244	防城港市科技馆	地市级	周三至周日	12389	5538	300	6138
245	柳州科技馆	地市级	周三至周日	32708.49	12346	650	15024.59
246	重庆科技馆	省部级	周二至周日	48300	26600	3200	35213
247	重庆市万盛经济技术开发区科技馆	地市级	周三至周日	1938	1695	0	1850
248	重庆市大足区科技馆	地市级	周三至周日	7787.51	4786.3	520.63	5597.93
249	重庆市江津区科技馆	地市级	周二至周日	5700	3200	480	3700
250	荣昌区科技馆	地市级	周三至周日	1500	1020	0	1190
251	巫溪县科技馆	县级	周三至周日	2500	1500	0	1800
252	秀山科技馆	县级	周三至周日	2800	1800	300	2532
253	四川科技馆	省部级	周二至周日	41800	20000	2000	29410
254	阿坝州科技馆	地市级	周三至周日	1100	830	0	1100
255	通江县科技馆	县级	周三至周日	3548	2562	194	3150
256	达州科技馆	地市级	周三至周日	7432	3810	410	4940
257	乡城县科技馆	县级	周二、周四	700	400	180	700

续表

序号	单位名称	场馆级别	场馆每周开放时间	现建筑总面积/平方米	常设展厅面积/平方米	临时展厅面积/平方米	展览教育设施总面积/平方米
258	宁南县科技馆	县级	周三至周日	2129	1902	0	2129
259	盐边科学馆	县级	周五至周日	3130	1050	0	1331.58
260	遂宁科技馆	地市级	周三至周日	17300	5694	997	8763
261	芦山科技馆	县级	周三至周日	4000	2000	500	3500
262	宜宾市南溪区科技馆	县级	周二至周日	3180	2500	0	2560
263	江安县科技馆	县级	周二至周日	3690.48	3065.48	0	3690.48
264	贵州科技馆	省部级	周三至周日	14865	7040	600	8090
265	安顺市平坝区科技馆	县级	周三至周日	2600	1600	0	1870
266	毕节市科学技术馆	地市级	周三至周日	6470	3849	350	4611
267	遵义市科技馆	地市级	周二至周日	18500	6000	630	8656
268	仁怀市科技馆	县级	周三至周日	7000	3985	315	4675
269	云南省科学技术馆	省部级	周三至周日	9750	3500	4000	8124
270	昆明市东川区科技馆	县级	周二至周六	824	412	154	824
271	安宁市科技馆	地市级	周三至周日	10140	8040	300	9603
272	富民县科技馆	县级	周三至周日	1558.86	1328.17	0	1558.86
273	宜良县科学技术馆	县级	周三至周日	1350	1100	0	1350
274	嵩明县科学技术馆	县级	周二至周日	1352	1292	0	1352
275	石林彝族自治县民族科技馆	县级	周三至周日	3000	1000	400	1800
276	禄劝彝族苗族自治县科学技术馆	县级	周三至周日	1200	1080	0	1200
277	寻甸县青少年科技馆	县级	周一至周日	2347	2107	0	2347
278	普洱市科学技术馆	地市级	周二至周日	10973	5440	0	5745
279	澜沧拉祜族自治县科技馆	县级	周三至周日	2018.8	1420	0	1600

续表

序号	单位名称	场馆级别	场馆每周开放时间	现建筑总面积/平方米	常设展厅面积/平方米	临时展厅面积/平方米	展览教育设施总面积/平方米
280	丽江市科技馆	地市级	周三至周日	9989.44	3930	390	5600
281	楚雄彝族自治州科学技术馆	地市级	周三至周日	5800	2600	0	4800
282	禄丰市科学技术馆	县级	周三至周日	1571	1100	0	1200
283	临沧市科学技术馆	地市级	周三至周日	2322	1802	0	2042
284	曲靖市科技馆	地市级	周三至周日	15100	9000	300	9584
285	罗平县科学技术馆	县级	周三至周日	6000	3250	0	4000
286	富源县科技馆	县级	周三至周日	1300	530	0	1010
287	西藏自然科学博物馆	省部级	周三至周日	5000	2535.22	1800	4975.22
288	陕西科学技术馆	省部级	周三至周日	9770	4736	300	6405
289	安康科技馆	地市级	周三至周日	7400	5600	1000	7400
290	宝鸡市科技馆	地市级	周三至周日	12360	6438	747	9293
291	商洛市科学技术馆	地市级	周三至周日	15771	7300	0	7300
292	延安市科学技术馆	地市级	周三至周日	19800	8086	800	10800
293	榆林市科学技术馆	地市级	周三至周日	20000	8700	1350	13850
294	甘肃科技馆	省部级	周三至周日	50075	15524	1400	28362.3
295	景泰县科学技术馆	县级	周三至周日	4800	1200	0	1500
296	金昌市科技馆	地/市级	周三至周日	4644	1933	0	2133
297	金塔县科学技术馆	县级	周二至周日	5130	4750	100	5070
298	永靖县科学技术馆	县级	周三至周日	9300	2000	500	3060
299	庆城县科技馆	县级	周一、周四至周日	1480	285	120	440
300	正宁县科学技术馆	县级	周一、周四至周日	3280	2165	500	3280

续表

序号	单位名称	场馆级别	场馆每周开放时间	现建筑总面积/平方米	常设展厅面积/平方米	临时展厅面积/平方米	展览教育设施总面积/平方米
301	凉州区科技馆	县级	周二至周日	1250	580	0	1050
302	高台县科技馆	县级	周三至周日	4982	2630	120	3440
303	临泽县科技馆	县级	周三至周日	5237.5	2740	435	3600
304	山丹科技馆	县级	周二至周日	8980.62	4068	560	6966
305	张掖市科技馆	地市级	周二至周日	2544	1000	0	1500
306	青海省科学技术馆	省部级	周二至周日	33179	14000	2300	19158
307	果洛藏族自治州科技馆	地市级	周一、周四至周日	4060	1250	625	2310
308	海西州科学技术馆	地市级	周三至周日	3974	3056	0	3746
309	宁夏回族自治区科学技术馆	省部级	周三至周日	29664	16101	0	18266
310	固原市科技馆	地市级	周三至周日	7950	1300	900	3637
311	西吉县科技馆	县级	周三至周日	4000	1300	0	1510
312	石嘴山市科技馆	地市级	周三至周日	15719	7175	800	9247.8
313	石嘴山市惠农区科技馆	县级	周三至周日	15210	4612	0	4667
314	平罗县科技馆	县级	周三至周日	3000	3000	0	3000
315	吴忠科技馆	地市级	周三至周日	5992.1	4939.1	685	5992.1
316	盐池县科技馆	县级	周三至周日	6000	2200	0	2400
317	同心县青少年科技馆	县级	周三至周日	2950	2050	200	2950
318	中卫市科技馆	地市级	周三至周日	1920	1384	0	1706
319	乌鲁木齐市科学技术馆	地市级	周三至周日	6800	2893.56	950.73	4401.6
320	新疆维吾尔自治区科学技术馆	省部级	周三至周日	26602	11117	910	13755.14
321	阿克苏地区科技馆	地市级	周二至周日	5309	2953.15	0	3410
322	库尔勒市科学技术馆	地市级	周三至周日	6500	4500	500	6500

续表

序号	单位名称	场馆级别	场馆每周开放时间	现建筑总面积/平方米	常设展厅面积/平方米	临时展厅面积/平方米	展览教育设施总面积/平方米
323	若羌县科技馆	县级	周二至周日	2000	1311.08	0	2000
324	焉耆县科技馆	县级	周一至周三、周六、周日	2800	1000	0	2800
325	温泉县科技馆	县级	周二至周日	7477	5600	1450	7477
326	呼图壁县科技馆	县级	周二至周日	5300	2237.56	0	2237.56
327	玛纳斯县科技馆	县级	周二至周日	1400	1000	200	1400
328	新疆和田地区青少年科技馆	地市级	周二至周日	1200	1000	0	1000
329	叶城县科技馆	县级	周二至周日	13004	4500	200	6100
330	克拉玛依科学技术馆	地市级	周二至周日	61000	31000	1449	34372
331	乌恰县科技馆	县级	周一、周三、周五、周日	4207.29	3842	0	3842
332	塔城市科学技术馆	县级	周二至周日	1683.34	1503.34	0	1683.34
333	乌苏市科学技术馆	县级	周二至周日	3613	2827	560	3613
334	沙湾市科技馆	县级	周二至周日	8300	5300	600	6770
335	伊宁市科技馆	县级	周二至周日	19000	6400	900	8425
336	伊宁县科技馆	县级	周一至周五	1300	1275	0	1300
337	昭苏县科技馆	县级	周二至周日	2000	1000	0	1200
338	吐鲁番市青少年科学体验馆	地市级	周一至周日	3994	1500	460	4400
339	石河子科技馆	地市级	周三至周日	15377.5	4550	1500	14132
	总计			3306482	1451696	173337.6	2009703

附表1-2 2021年度全国免费开放科技馆基本情况统计表（2）

序号	单位名称	更新展品总数/(件/套)	展览总数/个	多功能厅面积/平方米	科普活动室面积/平方米
1	北京科学中心	5	5	318	2761
2	天津科学技术馆	2	4	334	150
3	武清区科技馆	19	2	270.8	541.67
4	河北省科学技术馆	0	2	240	0
5	晋州市科技馆	7	2	0	0
6	邯郸市科学技术馆	16	1	50	300
7	馆陶县科学技术馆	2	0	30	40
8	阜城县科学技术馆	1	1	350	200
9	唐山科技馆	0	1	420	800
10	遵化市科技馆	9	0	220	180
11	平乡县科学技术馆	2	2	60	30
12	张家口市科技馆	4	0	300	50
13	山西省科学技术馆	32	7	1148	1079
14	晋中市科技馆	0	2	317.5	224
15	内蒙古科学技术馆	20	5	1477	2800
16	呼和浩特市科学技术馆	0	0	0	0
17	土默特左旗青少年科技馆	9	1	260	525
18	和林格尔县科技馆	37	0	0	58
19	阿拉善高新区科学技术馆	50	0	400	200
20	阿拉善盟科学技术馆	3	1	290	160
21	巴彦淖尔市科学技术馆	19	1	0	380
22	磴口县科学技术馆	1	0	0	0
23	乌拉特前旗青少年科技馆	0	0	170	0
24	乌拉特中旗科学技术馆	37	0	0	150
25	乌拉特后旗青少年科技馆	43	3	0	543
26	杭锦后旗青少年科技馆	3	1	0	900
27	阿鲁科尔沁旗科学技术馆	4	0	37	117
28	巴林右旗科技馆	0	0	0	100
29	翁牛特旗科技馆	0	0	0	0
30	宁城县青少年科技馆	0	0	0	0
31	鄂尔多斯市科学技术馆	10	3	150	200
32	鄂托克前旗科学技术馆	8	0	315	196
33	鄂托克旗科技馆	0	0	0	0
34	呼伦贝尔市科学技术馆	6	0	170	324
35	莫力达瓦达斡尔族自治旗科技馆	5	0	0	0
36	呼伦贝尔市扎赉诺尔区儿童科技馆	0	1	500	300

续表

序号	单位名称	更新展品总数/(件/套)	展览总数/个	多功能厅面积/平方米	科普活动室面积/平方米
37	满洲里市科学技术馆	3	0	800	300
38	阿荣旗科学技术馆	0	0	220	360
39	鄂伦春自治旗科技馆	0	0	240	260
40	新巴尔虎右旗科学技术馆	14	0	0	0
41	科尔沁左翼中旗科技馆	0	0	260	240
42	科左后旗科学技术馆	0	1	280	190
43	奈曼旗科学技术馆	0	0	0	160
44	扎鲁特旗科学技术馆	0	0	200	200
45	化德县科技馆	0	0	0	0
46	乌兰察布科学技术馆	0	1	340	712
47	丰镇市科学技术馆	0	0	120	80
48	商都县科技馆	0	0	0	130
49	兴和县科技馆	0	0	100	160
50	苏尼特左旗青少年科技馆	6	0	60	60
51	太仆寺旗青少年校外活动中心	5	0	476.98	494.98
52	镶黄旗科技馆	0	0	100	120
53	正镶白旗科技馆	2	0	140	140
54	正蓝旗青少中心科技馆	0	0	0	0
55	多伦县科技馆	0	0	100	200
56	兴安盟科学技术馆	27	0	340	56
57	科尔沁右翼前旗科技馆	2	1	120	120
58	辽宁省科学技术馆	4	10	4992	1939
59	朝阳市科学技术馆	12	0	400	400
60	锦州市科学技术馆	0	0	0	74.58
61	辽阳市科技馆	1	0	970	980
62	铁岭市科学馆	0	3	300	0
63	营口市科学技术馆	10	1	0	410
64	吉林省科技馆	2	3	570	2309
65	榆树市科技馆	64	0	0	0
66	吉林市科学技术馆	0	0	0	800
67	抚松县科学技术馆	0	0	0	0
68	辽源市科学技术馆	0	0	440	130
69	公主岭市科学技术馆	80	0	0	0
70	乾安县科学技术馆	5	0	510	0
71	梅河口市科学技术馆	1	1	91	144
72	集安市科学技术馆	1	0	0	0

续表

序号	单位名称	更新展品总数/(件/套)	展览总数/个	多功能厅面积/平方米	科普活动室面积/平方米
73	延边朝鲜族自治州科学技术馆	0	0	0	80
74	图们市科学技术馆	15	3	86	67
75	珲春市科学技术馆	6	0	200	200
76	哈尔滨科学宫	8	0	300	800
77	黑龙江省科学技术馆	12	4	464	650
78	大庆市科学技术馆	39	0	130	200
79	萝北县科学技术馆	0	0	0	0
80	黑河科技馆	6	1	0	104.7
81	北安市科技馆	7	0	0	60
82	嫩江市科技馆	6	1	0	0
83	孙吴县科技馆	7	0	0	30
84	富锦市科学技术馆	6	1	140	100
85	抚远市科学技术馆	4	1	0	0
86	齐齐哈尔市科学技术馆	6	0	95.67	500
87	龙江县科学技术馆	6	0	0	0
88	绥化市科技馆	8	0	0	0
89	安达市科学技术馆	30	0	130	110
90	伊春市科技馆	5	0	280	65
91	上海市松江区科技馆	3	2	0	140
92	南京科技馆	40	9	600	1000
93	太仓市科技活动中心	9	2	279	282
94	宜兴市科技馆	8	2	200	450
95	盱眙铁山寺天文科技馆	11	0	70	0
96	金湖县科技馆	0	0	0	30
97	东海县青少年科技活动中心	13	2	200	200
98	灌云县科技馆	44	0	118	400
99	灌南县科技馆	6	4	0	90
100	南通科技馆	6	3	300	600
101	泰州市科技馆	22	3	717	1052
102	新沂市科技馆	17	0	0	50
103	盐城市科技馆	2	4	1000	700
104	扬州科技馆	6	3	1100	560
105	浙江省科技馆	10	2	609	1120
106	中国杭州低碳科技馆（杭州低碳科技馆）	5	11	374	501
107	杭州市临平区科技馆（杭州市临平区反邪教宣传教育中心）	4	3	200	120

续表

序号	单位名称	更新展品总数/(件/套)	展览总数/个	多功能厅面积/平方米	科普活动室面积/平方米
108	湖州市科技馆	30	3	256	265
109	嘉兴市科技馆	17	6	500	865
110	绍兴科技馆	35	2	705	2578
111	台州市科技馆	0	4	128	326
112	温州科技馆	68	5	1000	300
113	安庆科学技术馆	0	1	520	0
114	桐城市科学技术馆	0	0	200	60
115	枞阳县科学技术馆	51	2	200	300
116	安徽省蚌埠市科学技术馆	12	0	100	280
117	池州市科学技术馆	0	1	184.8	36
118	滁州市科学技术馆	3	0	300	290.5
119	来安县科学技术馆	5	1	200	42
120	淮北市科学技术馆	1	0	0	0
121	六安市科技馆	0	3	70	1000
122	金寨县科技馆	5	0	0	0
123	马鞍山市科技馆	17	1	350	450
124	铜陵市科学技术馆	75	1	0	50
125	芜湖科技馆	40	6	720	200
126	安徽省科学技术馆	0	2	300	300
127	合肥市科技馆	0	6	384	368
128	福建省科技馆	16	1	1100	400
129	福州科技馆	4	0	100	0
130	福清市科技馆	3	0	730	130
131	龙岩市科技馆	22	0	600	100
132	龙岩市永定区科技馆	31	0	0	0
133	武平县科技馆	7	0	150	260
134	屏南县科技馆	0	0	0	30
135	莆田市科技馆	0	1	905	484
136	泉州市科技馆	13	0	240	270
137	泉州市泉港区科技馆	0	0	0	30
138	晋江市科技馆	40	0	0	490
139	三明市科技馆	7	0	700	805
140	厦门市同安区科学技术馆	34	2	123	40
141	漳州科技馆	67	0	400	0
142	江西省科学技术馆	410	5	1122	1600
143	赣州科技馆	0	1	150	100

续表

序号	单位名称	更新展品总数/(件/套)	展览总数/个	多功能厅面积/平方米	科普活动室面积/平方米
144	瑞金科技馆	0	2	451	101
145	吉安市科技馆	0	2	255	235
146	萍乡市科技馆	18	0	800	400
147	上饶市科技馆	0	0	450	150
148	新余市科技馆	35	1	0	200
149	鹰潭市科技馆	0	0	385	305
150	山东省科技馆	0	3	850	360
151	青岛市科技馆	9	2	181	2447
152	滨州市科技馆	8	2	200	200
153	阳信县科技馆	8	1	600	300
154	无棣县科技馆	21	0	0	700
155	东营市科学技术馆	0	1	0	300
156	东营市垦利区科学技术馆	13	0	0	0
157	菏泽市科技馆	17	3	0	227
158	曹县科技馆	63	0	1000	800
159	单县科技馆	2	0	316.7	1442.85
160	菏泽市定陶区科技馆	1	0	80	60
161	济宁科技馆	7	3	377.5	180
162	鱼台县科技馆	10	0	0	0
163	梁山县科技馆	0	0	100	100
164	聊城市科技馆	40	2	2000	0
165	临沂市科技馆	4	3	245	87.5
166	郯城县科技馆	56	1	200	400
167	沂水县科技馆	5	0	200	0
168	临沭县科技馆	3	5	700	0
169	日照市科技馆	6	6	396	698
170	日照市岚山区科技馆	0	0	0	650
171	泰安市科技馆	7	2	200	350
172	新泰市科技馆	3	6	290	120
173	威海市科学技术馆	5	0	385.76	235.94
174	潍坊市科技馆	11	2	400	500
175	高密市科技馆	38	0	0	0
176	莱州市科技馆	0	0	310	0
177	枣庄市科技馆	0	0	210	63
178	淄博市科学技术馆	0	2	871	766
179	高青县科学技术馆	1	1	0	0

续表

序号	单位名称	更新展品总数/(件/套)	展览总数/个	多功能厅面积/平方米	科普活动室面积/平方米
180	郑州科学技术馆	0	3	359	120
181	洛阳市科学技术馆	0	1	273	120
182	洛阳市孟津区科学技术馆	0	1	0	0
183	汝阳县科学技术馆	0	0	100	100
184	鹤壁市科技馆	0	1	439.97	258
185	济源市科学技术馆	10	0	300	200
186	焦作市科技馆	12	1	0	250
187	南阳市科学技术馆	22	1	153	2432
188	方城县科学技术馆	0	0	0	40
189	西峡县科学技术馆	6	0	800	40
190	镇平县科技馆	4	0	100	100
191	唐河县科技馆	20	0	66	0
192	平顶山市科技馆	0	0	0	0
193	宝丰县科技馆	0	0	0	0
194	三门峡市科技馆	5	0	1730	1021
195	永城市科学技术馆	8	1	80	0
196	信阳市科技馆	0	0	0	560
197	固始县科学技术馆	0	1	2000	770
198	许昌市科学技术馆	4	3	188	80
199	漯河市科技馆	0	2	75	75
200	濮阳县科技馆	7	1	0	80
201	武汉科学技术馆	42	4	450	190
202	湖北省科学技术馆	0	0	351	462
203	黄冈市科技馆	7	0	200	100
204	武穴市科技馆	15	3	60	50
205	红安县科技馆	15	4	500	240
206	罗田县科学技术馆	10	1	120	180
207	浠水县科技馆	18	0	0	38
208	黄石市科学技术馆	216	1	0	0
209	荆门市科技馆	0	0	60	0
210	荆州市科技馆	0	0	2500	800
211	十堰市科学技术馆	20	0	0	0
212	襄阳市科技馆	25	3	1061	777
213	老河口市科技馆	22	0	102	98
214	南漳县科技馆	18	1	300	220
215	保康县科技馆	37	2	100	30

续表

序号	单位名称	更新展品总数/(件/套)	展览总数/个	多功能厅面积/平方米	科普活动室面积/平方米
216	孝感市科技馆	0	0	0	200
217	当阳市科技馆	10	1	1400	700
218	枝江市科学技术馆	0	2	578	305
219	建始县科学技术馆	23	0	0	0
220	湖南省科学技术馆	4	5	250	900
221	浏阳市艺术科技馆	6	0	260	260
222	常德市科学技术馆	0	0	580	501
223	郴州市科技馆	4	0	300	200
224	衡阳市科技馆	70	1	600	0
225	怀化市科学技术馆	29	0	1536	0
226	辰溪县科技馆	28	1	0	60
227	邵阳市科技馆	0	0	400	660
228	岳阳市科技馆	28	0	500	500
229	广州市科学技术发展中心	22	0	600	1850
230	深圳市科学馆	0	0	1058	300
231	深圳市宝安区科技创新服务中心	0	5	280	4046
232	东莞科学馆	5	3	660	370
233	东源县科技馆	5	1	200	210
234	和平县科技馆	1	0	0	0
235	河源市科技馆	3	0	150	200
236	惠州科技馆	0	1	400	200
237	阳山县科技馆	2	0	450	450
238	汕头科技馆	0	2	800	1500
239	韶关市曲江区科技馆	5	0	0	0
240	韶关市科技馆	17	1	506.55	264
241	阳江市科技馆	10	5	300	100
242	南宁市科技馆	1	5	3078.9	1940.8
243	广西壮族自治区科学技术馆	15	6	930	1300
244	防城港市科技馆	15	2	126	84
245	柳州科技馆	0	2	281.3	1609.29
246	重庆科技馆	5	6	2108	1196
247	重庆市万盛经济技术开发区科技馆	9	0	0	105
248	重庆市大足区科技馆	1	3	83	0
249	重庆市江津区科技馆	2	1	0	0
250	荣昌区科技馆	6	0	120	50
251	巫溪县科技馆	19	0	100	200

续表

序号	单位名称	更新展品总数/(件/套)	展览总数/个	多功能厅面积/平方米	科普活动室面积/平方米
252	秀山科技馆	0	0	138	200
253	四川科技馆	0	4	2000	2500
254	阿坝州科技馆	7	0	0	220
255	通江县科技馆	11	0	0	296
256	达州科技馆	0	0	190	340
257	乡城县科技馆	4	0	60	60
258	宁南县科技馆	7	1	90	79
259	盐边科学馆	3	0	80	100
260	遂宁市科技馆	0	1	120	120
261	芦山科技馆	1	0	500	500
262	宜宾市南溪区科技馆	0	0	0	60
263	江安县科技馆	10	0	180	0
264	贵州科技馆	0	3	225	0
265	安顺市平坝区科技馆	6	0	200	0
266	毕节市科学技术馆	8	1	180	32
267	遵义市科技馆	1	1	420	730
268	仁怀市科技馆	0	1	115	260
269	云南省科学技术馆	4	1	354	270
270	昆明市东川区科技馆	0	0	0	258
271	安宁市科技馆	10	0	0	600
272	富民县科技馆	6	1	110.09	120.6
273	宜良县科学技术馆	54	0	0	200
274	嵩明县科学技术馆	0	0	0	60
275	石林彝族自治县民族科技馆	1	0	300	100
276	禄劝彝族苗族自治县科学技术馆	128	0	120	0
277	寻甸县青少年科技馆	363	0	120	20
278	普洱市科学技术馆	0	1	135	110
279	澜沧拉祜族自治县科技馆	7	0	80	20
280	丽江市科技馆	0	1	200	610
281	楚雄彝族自治州科学技术馆	0	1	0	200
282	禄丰市科学技术馆	6	0	0	0
283	临沧市科学技术馆	2	0	100	100
284	曲靖市科技馆	3	2	210	104
285	罗平县科学技术馆	0	0	200	100
286	富源县科技馆	2	0	300	180
287	西藏自然科学博物馆	0	0	200	300

续表

序号	单位名称	更新展品总数/(件/套)	展览总数/个	多功能厅面积/平方米	科普活动室面积/平方米
288	陕西科学技术馆	33	2	449	750
289	安康科技馆	36	0	300	450
290	宝鸡市科技馆	0	3	147	182
291	商洛市科学技术馆	23	0	0	0
292	延安市科学技术馆	7	2	495	1124
293	榆林市科学技术馆	14	1	300	800
294	甘肃科技馆	0	3	918	5333.3
295	景泰县科学技术馆	190	0	120	180
296	金昌市科技馆	14	0	0	0
297	金塔县科学技术馆	11	1	130	90
298	永靖县科技馆	3	0	80	300
299	庆城县科技馆	3	1	0	0
300	正宁县科学技术馆	30	1	0	500
301	凉州区科技馆	2	2	290	120
302	高台县科技馆	11	0	120	80
303	临泽县科技馆	2	0	280	145
304	山丹科技馆	1	2	180	620
305	张掖市科技馆	2	0	400	100
306	青海省科学技术馆	25	3	1050	1150
307	果洛藏族自治州科技馆	0	0	100	0
308	海西州科学技术馆	0	0	240	80
309	宁夏回族自治区科学技术馆	0	2	400	915
310	固原市科技馆	2	0	1367	70
311	西吉县科技馆	15	0	0	100
312	石嘴山市科技馆	46	2	452	591.8
313	石嘴山市惠农区科技馆	38	1	0	55
314	平罗县科技馆	0	0	0	0
315	吴忠科技馆	0	3	278	90
316	盐池县科技馆	6	1	0	120
317	同心县青少年科技馆	74	0	300	200
318	中卫市科技馆	17	0	161	161
319	乌鲁木齐市科学技术馆	2	0	169.8	265.61
320	新疆维吾尔自治区科学技术馆	0	2	686.86	0
321	阿克苏地区科技馆	22	0	91.2	55.11
322	库尔勒市科学技术馆	15	1	102	350
323	若羌县科技馆	40	0	188.92	500

续表

序号	单位名称	更新展品总数/(件/套)	展览总数/个	多功能厅面积/平方米	科普活动室面积/平方米
324	焉耆县科技馆	22	0	200	1600
325	温泉县科技馆	3	0	0	155
326	呼图壁县科技馆	0	1	0	0
327	玛纳斯县科技馆	19	0	0	200
328	新疆和田地区青少年科技馆	1	0	0	0
329	叶城县科技馆	4	1	700	600
330	克拉玛依科学技术馆	0	2	328	820
331	乌恰县科技馆	0	0	0	0
332	塔城市科技馆	8	0	0	80
333	乌苏市科学技术馆	7	0	226	0
334	沙湾市科学技术馆	70	0	300	400
335	伊宁市科技馆	1	0	1100	0
336	伊宁县科技馆	11	0	0	0
337	昭苏县科学技术馆	1	0	0	0
338	吐鲁番市青少年科学体验馆	4	0	800	1000
339	石河子科技馆	0	1	6295	1400
	总计	4741	376	110257.3	119842.2

附表1-3　2022年新增40家免费开放科技馆基本信息

序号	省份	场馆名称	场馆级别	建成开放时间	建筑面积/平方米	常设展厅面积/平方米
1	河北省	临城县科技馆	县级	2021年9月	2600	1300
2		邢台市南和区科学技术馆	县级	2018年9月	1289	1088
3	山西省	朔州市科学技术馆	市级	2021年10月	12570	4646
4	内蒙古自治区	达茂联合旗科技馆	县级	2020年12月	2600	1200
5		巴林左旗科技馆	县级	2020年1月	1000	1000
6		杭锦旗科技馆	县级	2020年9月	2022.84	1095
7		根河市科学技术馆	县级	2020年11月	1702.85	1500
8		察哈尔右翼前旗科技馆	县级	2019年6月	1400	1050
9	辽宁省	鞍山市科技馆	市级	2009年11月	5400	1820
10		阜新市科技馆	市级	1988年1月	4200	1840
11		葫芦岛市科技馆	市级	2002年1月	7000	2950
12		海城市科技馆	县级	2013年6月	1558	567

续表

序号	省份	场馆名称	场馆级别	建成开放时间	建筑面积/平方米	常设展厅面积/平方米
13	吉林省	延吉市科学技术馆	县级	2015年9月	3600	2600
14	江苏省	南通市海门区科技馆	县级	2020年7月	22385.4	3790
15	安徽省	阜阳市科学技术馆	市级	2021年6月	13904	7250
16		宿州市科技馆	市级	2020年9月	11800	5606
17		砀山县科技馆	县级	2021年3月	1300	1250
18	江西省	景德镇市科技馆	市级	2021年12月	14500	7500
19	山东省	德州市科技馆	市级	2021年9月	4000	1380
20		惠民县科技馆	县级	2021年1月	6000	4100
21	河南省	河南省科学技术馆	省级	2022年3月	130400	26093
22		内乡县科技馆	县级	2020年12月	3000	2000
23		商城县科技馆	县级	2021年11月	1650	1300
24	湖南省	益阳市科学技术馆	市级	2022年5月	5012	4395
25		永州市科技馆	市级	2019年5月	15374.02	4145
26	广东省	湛江市科技馆（湛江市科普中心）	市级	2020年5月	5759	1361
27		江门市江海区科技馆	县级	2020年10月	7000	6817.3
28		阳西县科学馆	县级	2019年4月	1293.6	1293.6
29		紫金县科技馆	县级	2021年9月	1026	1026
30	重庆市	忠州科技馆	县级	2021年12月	5000	4300
31	四川省	平昌县科技馆	县级	2021年4月	3300	2100
32	云南省	凤庆县科学技术馆	县级	—	—	—
33		双江自治县科技馆	县级	—	—	—
34		砚山县科技馆	县级	2021年8月	1206.41	1108.53
35	甘肃省	合水县科技馆	县级	2021年10月	1600	1338.12
36		肃南裕固族自治县科技馆	县级	2020年3月	2711	1230
37	宁夏回族自治区	海原县科技馆	县级	2021年12月	2642.8	1300
38	新疆维吾尔自治区	阿勒泰科技馆	市级	2021年7月	3088	1260
39		新源县科学技术馆	县级	2021年11月	1326	1280
40		新疆生产建设兵团第五师双河市科技馆	县级	—	—	—
		合计			312220.9	115879.6

附表1-4　2022年新增2家利用原有场所改建科技馆的基本信息

序号	省份	改建后场馆名称	场馆级别	原场所名称	上级主管单位	建成开放时间	规划建筑面积/平方米	规划常设展厅面积/平方米
1	河南省	修武县科技馆	县级	修武县文化城	修武县科协	2021年12月	5923	1200
2	甘肃省	天水市科技馆	市级	商贸城	天水市科学技术协会	2021年5月	4600	2800
总计							10523	4000

第2章
中央补助科技馆免费开放资金管理和使用情况调查研究

【内容摘要】 中央补助科技馆免费开放资金的管理和使用是科技馆免费开放的关键环节，对科技馆免费开放政策的实施效果起到了举足轻重的作用。本章介绍了科技馆免费开放补助资金管理和使用调查研究的总体情况、调查研究的主要内容和成果，以及对调研结果的分析，并提出了对补助资金使用和管理的建议。同时介绍了《科技馆免费开放补助资金管理办暂行法（建议稿）》的起草情况和该建议稿的主要内容。

2.1 调查研究总体情况

为了有效提升科技馆免费开放补助资金使用效率，全面了解免费开放科技馆补助资金的基本情况、分配情况、使用情况、管理情况，以及科技馆免费开放运行情况，2022开始，北京科技大学科技馆免费开放研究课题组（以下简称课题组），开展了"科技馆免费开放工作调研与资金管理研究"项目的一系列相关调查和研究工作。按照项目要求，根据免费开放科技馆情况，设计调研线路，制订调研工作方案。按照设计路线和工作方案开展实地调研。所调研的科技馆分布于我国的东部、中部、西部地区，包括省级、市级、县级科技馆。

第一，线上线下相结合，开展科技馆免费开放调研。

按照财政部和中国科协的统一部署和要求，2022年8月，课题组在中国科协的支持下，对截至2021年年底获得免费开放资助的科技馆进行了系统调研。课题组采用线上线下相结合的方式，围绕中央对科技馆免费开放补助资金管理和使用情况进行专题调研。

线下调研部分，于2022年8月开展，根据免费开放科技馆情况，结合疫情防控要求，主要调研区域为北京市和山西省两地。课题组两次前往北京科学中心，与北京市科协、北京科学中心负责同志座谈，并现场发放问卷，了解中央对科技馆免费开放补助资金管理使用情况。课题组与财政部、中国科协科普部等调研人员一同前往山西省太原市，围绕中央对科技馆免费开放补助资金管理使用情况与山西省财政厅、山西省科协、山西省科技馆、晋中市科技馆、朔州市科技馆等单位负责同志进行座谈，深入了解地方财政、科协、科技馆等部门对免费开放补助资金管理使用的基本情况和建议。

线上调研部分，课题组依托中国科协科普部平台，于2022年9月面向全国339家免费开放科技馆组织开展线上问卷调查，进一步了解各省中央补助科技馆免费开放资金管理使用情况、制度建设情况、资金分配及使用建议等。截至2022年11月，共回收有效问卷338份（上海市松江区科技馆虽在免费开放科技馆目录中，但未获得中央补助科技馆免费开放资金，因此未参与此次问卷调查），问卷回收率达到100%。

第二，测算科技馆免费开放补助资金分配方案，起草科技馆免费开放补助资金管理办法。

按照项目要求，课题组根据科技馆免费开放工作实际，结合调研情况，参考借鉴美术馆、图书馆、文化馆、博物馆和体育馆等其他类场馆免费开放资金管理要求和办法，起草科技馆免费开放补助资金管理办法，并与中国科协科普部、办公厅、中国科技馆等部门、单位的相关人员进行了多次研讨、修改和完善，形成了《科技馆免费开放补助资金管理办法（暂行）（建议稿）》。2022年12月，财政部发文，征求地方财政部门和科协部门的意见，基于地方财政部门和科协部门的反馈意见，对资金管理办法建议稿进行了修订，形成《科技馆免费开放补助资金管理办法（暂行）（建议稿）》终稿。

为验证科技馆免费开放补助资金分配因素选取和公式设定的合理性，课题组积极配合中国科协科普部，研究和尝试使用科技馆分级补助法、单位展教面积补助法、因素法、定额+因素等方式分配补助资金。按照财政部资金管理要求，并参考专家意见，最终采用因素法对补助资金进行分配。对因素选取，在科技馆展教面积的基础上，逐步引入年观众总人次、网络科普资源发布总数量、教育活动开展数量、短期展览开展情况、展品更新情况、拟改建新馆常设展厅面积、绩效完成情况、财政困难系数等因素，设定不同的权重，进行测算，为补助资金分配因素选取和公式设定提供支撑。

第三，梳理相关数据，形成2020—2021年度科技馆免费开放工作报告。

课题组按照项目要求，对2015年以来科技馆免费开放各类数据进行分析、汇总和整理，结合历年工作和调研情况，形成《2020—2021年度全国免费开放科技馆工作报告》。工作报告重点从科技馆免费开放基本情况、场馆运行情况、经费收支情况、拟新建科技馆情况、科技馆免费开放工作中存在的问题和困难，以及各科技馆对免费开放工作的建议六方面进行了梳理和分析。

在上述研究的基础上，最终形成《中央补助科技馆免费开放资金管理和使用情况调研报告》《〈科技馆免费开放补助资金管理办法（暂行）(建议稿)〉及起草说明》《2020—2021年度全国免费开放科技馆工作报告》，并提出了下一步科技馆免费开放补助资金管理工作的建议。

2.2 中央补助科技馆免费开放资金管理和使用情况调研与分析

2.2.1 调研基本情况

调研基本情况在2.1节的第一部分已经有所介绍，这里不再赘述。

从科技馆等级看，参与调查的338家免费开放科技馆中，有26家省级科技馆、142家市级科技馆和170家县级科技馆；从科技馆地区分布看，东部地区有96家、中部地区有101家、西部地区有141家，如表2-1所示。

表2-1 问卷回收基本情况

（单位：家）

地区	科技馆类型			合计
	省级	市级	县级	
东部地区	7	47	42	96
中部地区	7	51	43	101
西部地区	12	44	85	141
合计	26	142	170	338

调查样本在各省份的分布情况如图2-1所示。

2.2.2 现场调研情况及分析

1）北京科学中心现场调研

北京科学中心于2018年9月正式对公众开放。免费开放补助资金主要用于展览及展品更新支出；科普讲座、论坛、巡展、科普赛事等活动和科普服务项目支出；科技馆人才培养平台、科技馆科普志愿服务队伍等人才队伍建设支出；促进融合发展的1+16+N体系、馆校合作、馆会合作、国内外馆际交流、科学教育创新实践、流动科学中心、科学文化传播等业务体系拓展支出。对科学中心开展

科技馆免费开放的实践探索

科普活动、馆际交流活动、主题展览、展品及影片更新、流动科技馆建设等工作给予了重要的经费保障支撑。

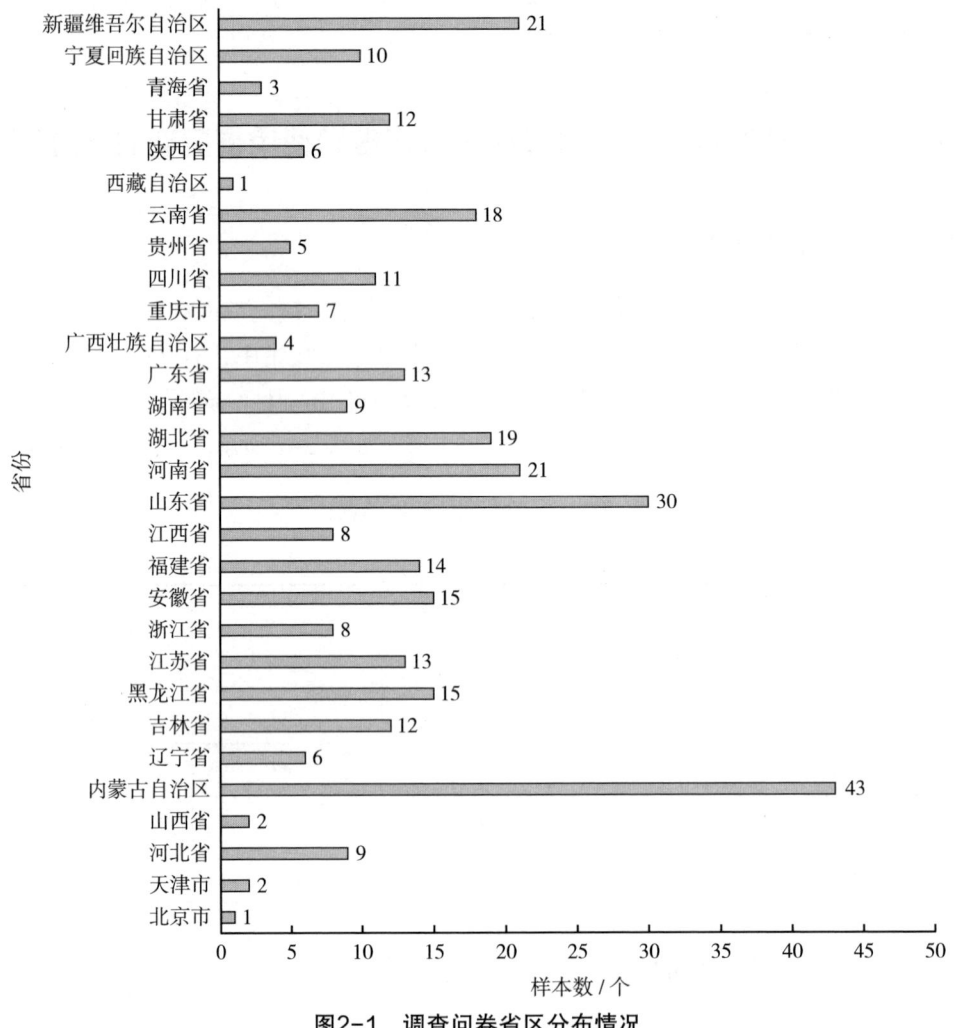

图2-1 调查问卷省区分布情况

省份	样本数/个
新疆维吾尔自治区	21
宁夏回族自治区	10
青海省	3
甘肃省	12
陕西省	6
西藏自治区	1
云南省	18
贵州省	5
四川省	11
重庆市	7
广西壮族自治区	4
广东省	13
湖南省	9
湖北省	19
河南省	21
山东省	30
江西省	8
福建省	14
安徽省	15
浙江省	8
江苏省	13
黑龙江省	15
吉林省	12
辽宁省	6
内蒙古自治区	43
山西省	2
河北省	9
天津市	2
北京市	1

现场调研主要内容及建议如下。

关于经费使用，建议《科技馆免费开放补助资金管理办法》制定过程中进一步明确经费支出内容及分配比例标准；考虑将承担科技馆展教职能的户外场地面积计入补助资金发放计算标准中，将测算依据中的"用于展教用房面积"适当调整为"场所面积"；将免费开放经费中的部分经费（如5%或10%）用于劳务派遣人员的激励，进一步激励非在编人员提升自身的服务能力。同时，考虑到疫情影响下，现场观众人数减少，将线上科普活动观众人次按一定比例计入科技馆年观众总人次，并将其列为资金分配考虑的因素。

关于资金的适用范围，建议未来免费开放资金补助政策覆盖面可以灵活扩展，将部分非科协系统科技馆纳入政策范围。

关于资金使用及绩效考核，从资金管理的角度提出建议，一是由于中央资金在地方可以结转2年使用，因此绩效评估过程中不能较好地体现当年的绩效效果，建议将绩效考核周期适当延长。二是建议免费开放资金绩效考核实行3年一评价，可以尝试对考核结果优秀的单位进行奖励。

2）山西省三家免费开放科技馆现场调研

目前，山西省科学技术馆、晋中市科技馆、朔州市科学技术馆符合免费开放资金补助条件。免费开放资金保障免费开放质量，丰富活动，促进信息管理建设，改善公共科普服务供给。山西省科协高度重视资金使用和管理，列入"三重一大"清单，省科协、省财政厅高度重视补助资金管理和使用，多次深入地方指导资金使用，对免费开放资金使用和管理提出建议。

但是，资金使用过程中也面临诸多问题。一是资金量不能适应需求的增加。随着公众对科普服务的需求不断增加，在政策引导和推动下，不少地方政府陆续新建科技馆，免费开放科技馆的数量和免费开放补助资金需求不断增加。二是资金管理缺乏依据。对于资金使用正面清单和负面清单不够明确。从资金使用效率的角度出发，建议中央进一步明确免费开放资金的使用范围，比如流动科技馆能否使用，避免出现需要资金的时候不能用的问题。

山西省三家免费开放科技馆资金使用情况及建议如下。

山西省科学技术馆由原省科技馆和省青少年科普中心合并而成，2013年10月新馆建成对外开放。关于补助资金使用，希望中央在制定资金管理办法时进一步明确资金的使用方向，对展区改造费用这一项能够允许跨年度集中使用，以解决资金分散使用不能实现展区整体改造的问题。

晋中市科技馆于2018年年底建成并全面免费开放，是山西省率先建设并首家投入运行的市级科技馆。在资金使用过程中，市科协、市财政局不断强化对资金使用的监管和绩效评价工作，确保专项资金使用到位，不断提升资金使用效率。未来希望免费开放补助资金的使用范围更加明确，使用周期适当延长，保障力度适当加大。

朔州科学技术馆自2021年10月正式开馆，为全省第二个地市级科技馆。补助资金主要用于完善馆内基础设施、广播系统和室外监控的建设。受地方财政供给能力约束，目前该馆为财政差额补贴事业单位，人员经费仍有较大缺口。面临着场馆维修资金不足、功能区域不完善、开展青少年活动经费不足等问题。未来希望免费开放补助资金可以用于基础设施维修和非在编人员工资及绩效。同时，关于补助资金分配因素，专家认为观众数量是衡量科技馆建设成效的重要标准，也应该是科技馆免费开放资金分配的核心要素。

3）现场调研建议汇总

（1）关于补助资金分配因素的建议

一是在科技馆展教面积计算过程中，将室外面积中有实际展览效果的部分纳入展教面积。二是在年观众人次计算过程中，将线上活动参加人次按一定比例计入当年观众总人次。

（2）关于补助资金支出范围的建议

一是补助资金可以用于聘用人员工资和福利支出。二是补助资金可以用于开展流动科普活动。

（3）关于补助资金绩效评价的建议

一是对绩效考核优秀的科技馆，补助资金可以部分用于人员绩效。二是建议将绩效考核周期适当延长。

（4）关于特色展品展项的建议

未来将特色展品展项作为补助资金分配的基本因素，突出地方特色和未来科技发展方向，将特色展品展项（如地方特色展品、机器人展品等）纳入科技馆免费开放补助资金分配因素，避免科技馆建设同质化。

2.2.3 问卷调查结果及分析

线上调研采用问卷调查的方式，进一步了解补助资金管理使用情况、制度建设情况、绩效评价与监督情况、资金分配及使用建议等。问卷设计思路、关注点及主要指标如表 2-2 所示。

表2-2 调查问卷设计关注点及主要指标

调查内容	关注点	主要指标
制度建设及预算编制情况	各级科协是否制定或细化了补助资金管理办法；科技馆是否制定了补助资金管理制度	各级科协补助资金管理办法制定；免费开放科技馆制度建设
	科技馆事前是否编制了补助资金预算；预算编制质量情况	预算编制
地方财政配套情况	省市县各级财政是否安排有配套资金；配套资金变化情况	地方各级财政配套资金

第2章 中央补助科技馆免费开放资金管理和使用情况调查研究

续表

调查内容	关注点	主要指标
补助资金用途	补助资金实际具体用途及使用方向； 补助资金主要用途及使用方向； 补助资金使用排序情况	展教业务活动 展品维护 展品展项购置及更新 展厅更新 展品展项研发 人才培养 其他
补助资金支出范围	规定是否明确； 对规定不明确所指出的具体问题，给出的建议	补助资金支出范围和支出内容
补助资金分配影响因素	补助资金分配考虑的基本因素应包括哪些指标； 各基本因素的重要性情况判断； 各基本因素按重要性的排序情况； 补助资金分配考虑的调节因素应包括哪些指标	科技馆室内展教面积 科技馆室外展教面积 年观众总人次 年开放天数 宣传及影响力 展品资产总价值 展品完好率 展品更新情况 特色展品展项数 教育活动举办次数 科普影片更新情况 省、直辖市、自治区免费开放科技馆个数 省、直辖市、自治区财政状况 绩效评价结果 监督检查结果 其他
特色展品展项情况	对特色展品展项给出界定； 科技馆是否有对特色展品展项； 特色展品展项数量	特色展品展项数量 特色展品展项名称 特色展品展项完好率 特色展品展项价值
绩效评价与监督管理情况	开展过绩效评价的科技馆数量； 开展过哪些形式的绩效评价（如自评价、主管部门评价、第三方评价等）； 分别或同时开展过自评价、主管部门评价、第三方评价的科技馆数量； 未开展过绩效评价的科技馆数量	科技馆自评价 科协等主管部门组织开展的绩效评价 委托第三方机构进行的绩效评价
	各级科协是否进行过监督管理； 全过程监督管理； 个别环节监督管理； 定期、不定期监督管理	监督频次； 监管过程

续表

调查内容	关注点	主要指标
免费开放政策效果	科技馆免费开放后运行效果是否有改善；运行效果提升、下降、无变化等	免费开放政策及补助资金实施效果
其他	补助资金使用过程中存在的困难、问题及建议等	

1）制度建设及预算编制情况

（1）各级科协基本制定了补助资金管理办法，科技馆制定了补助资金管理制度，不断强化财政资金的规范管理和高效使用

在题项"上级主管部门和科技馆是否针对免费开放补助资金分配/使用制定了相关管理办法和制度"的多选题中，选项包括：A.上级主管部门制定了资金管理办法及实施细则；B.上级主管部门制定了资金管理办法；C.上级主管部门未制定资金管理办法；D.科技馆内部制定了相关管理制度；E.科技馆内部未制定相关管理制度。

问卷调查数据显示，在338家科技馆中，有175家科技馆的上级主管部门制定了资金管理办法及实施细则，124家科技馆的上级主管部门制定了资金管理办法，31家科技馆的上级主管部门未制定资金管理办法，8家科技馆未填写选项；关于科技馆内部管理制度，有216家科技馆制定了相关管理制度，21家科技馆未制定相关管理制度，还有101家科技馆未填写此选项（图2-2）。

（2）绝大部分科技馆事前编制了补助资金预算

在题项"贵馆对免费开放补助资金预算的编制情况"的单选题中，选项包括：A.事前编制详细的补助资金预算；B.事前编制比较详细的补助资金预算；C.事前编制粗略的补助资金预算；D.事前没有编制补助资金预算。

问卷调查数据显示，超过97%的科技馆事前编制了补助资金预算。其中，213家（占比63.02%）科技馆事前编制了详细的补助资金预算，96家（占比28.40%）科技馆事前编制了比较详细的补助资金预算，19家（占比5.62%）科技馆事前编制了粗略的补助资金预算。有10家（占比2.96%）科技馆事前没有编制补助资金预算（其中，市级科技馆3家，县级科技馆7家）。图2-3所示为科技馆免费开放补助资金预算编制情况。

2）地方财政配套、补贴和税收优惠情况

（1）约70%的免费开放科技馆获得了地方财政配套资金

在题项"您所在的地区，地方各级财政是否对免费开放科技馆安排了配套资金"的多选题中，选项包括：A.省级财政配套资金；B.市级财政配套资金；C.县级财政配套资金；D.未安排配套资金。

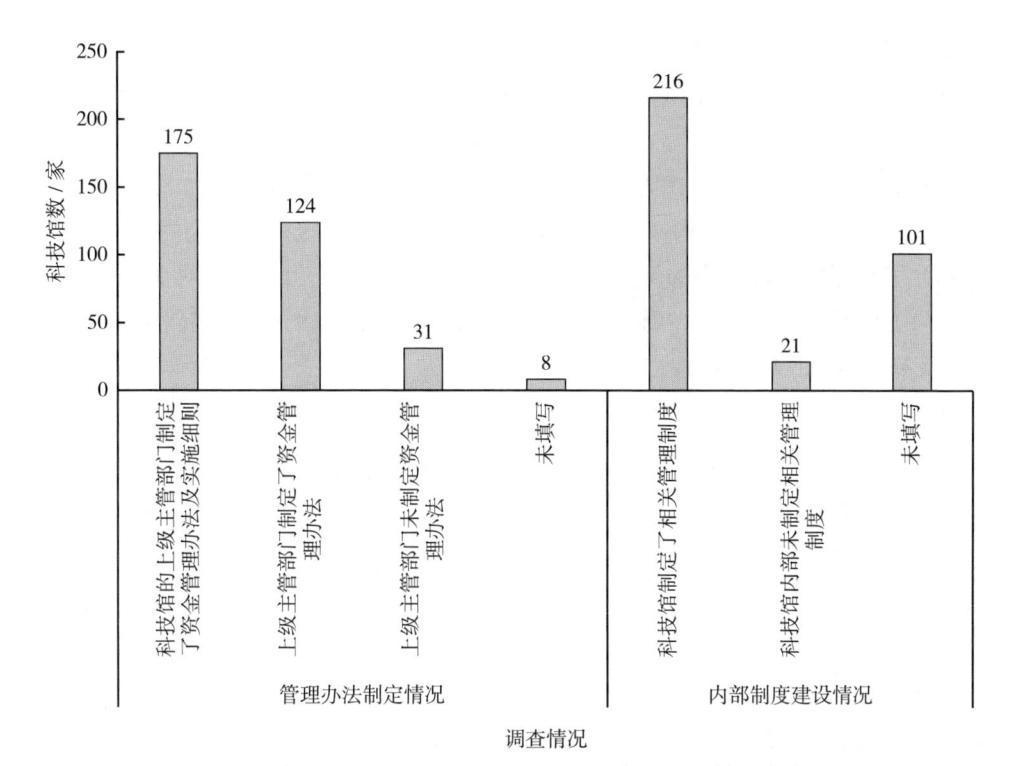

第2章 中央补助科技馆免费开放资金管理和使用情况调查研究

图2-2 补助资金管理办法和制度建设情况

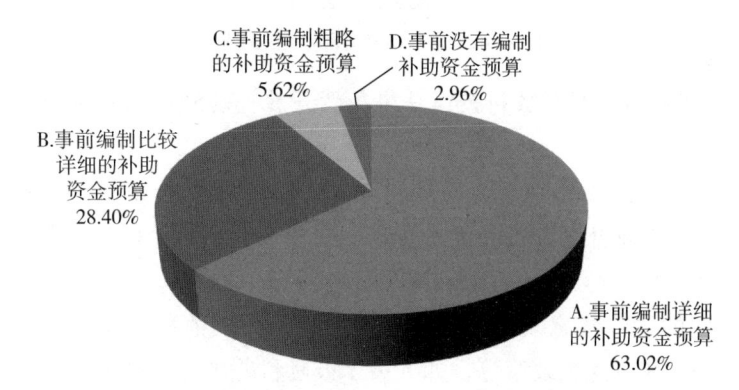

图2-3 科技馆免费开放补助资金预算编制情况

问卷调查数据显示，在338家科技馆中，有82家科技馆获得了省级财政配套资金，111家科技馆获得了市级财政配套资金，100家科技馆获得了县级财政配套资金。其中，有13家科技馆同时获得了省、市、县三级财政配套资金，15家科技馆同时获得了省、市两级财政配套资金，12家科技馆同时获得了省、县两级财政配套资金，3家科技馆同时获得了市、县两级财政配套资金。

但是，仍有102家科技馆未获得各级财政的配套资金。而且，在调研过程中，课题组发现部分科技馆存在获得科技馆免费开放补助资金后，地方财政配套资金未增反降的情况。按照2019年6月国务院办公厅印发《科技领域中央与地方财政事权和支出责任划分改革方案》中的规定，"对国家普及科学技术知识、倡导科学方法、传播科学思想、弘扬科学精神、提高全民科学素质等工作的保障，确认为中央与地方共同财政事权，由中央财政和地方财政区分不同情况承担相应的支出责任。对中央层面开展科普工作的保障，由中央财政承担主要支出责任；对地方层面开展科普工作的保障，由地方财政承担主要支出责任，中央财政通过转移支付统筹给予支持"。图2-4所示为地方财政配套资金情况，应强化地方财政的资金投入。

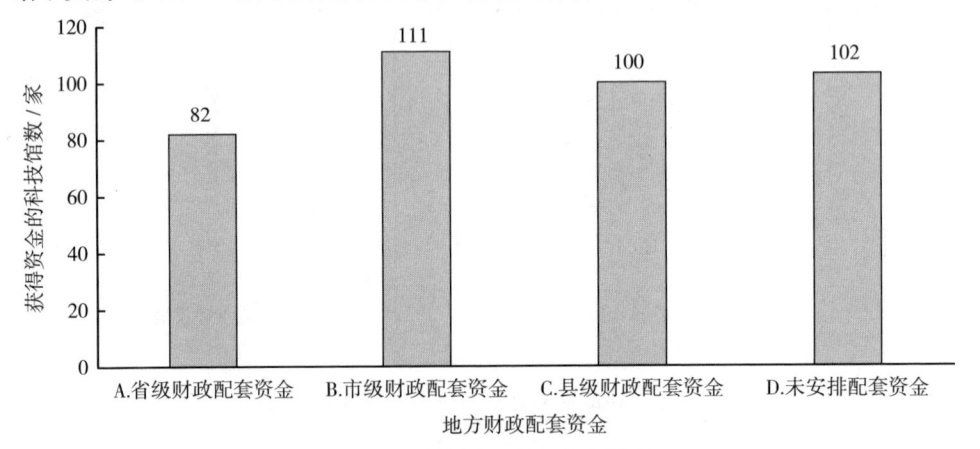

图2-4 地方财政配套资金情况

（2）约15%的免费开放科技馆获得免费开放补助资金以外其他财政补贴和税收优惠

问卷调查数据显示，在338家科技馆中，有52家科技馆获得了免费开放补助资金以外其他财政补贴和税收优惠政策。图2-5所示为科技馆获得其他财政补贴和税收优惠情况。

国家层面的税收优惠政策包括小规模纳税人免增值税政策、宣传文化部门免增值税政策、进口优惠政策等，如《关于鼓励科普事业发展进口税收政策的通知》《科普税收优惠政策实施办法》《财政部 税务总局关于延续宣传文化增值税优惠政策的通知》《国家税务总局关于小规模纳税人免征增值税等征收管理事项的公告》《财政部 税务总局关于对小规模纳税人免征增值税的公告》等。省级层面也出台了相关专项补助和优惠政策，进一步支持科技馆免费开放，如内蒙古自治区"2021年基层科普行动计划"项目专项补助、国家税务总局和福建省税务局对部分非营利组织实施免税政策、山东省科普示范工程专项补助、重庆市电影放映服务取得的收入免征增值税政策、云南省级科普教育基地能力提升、创新引

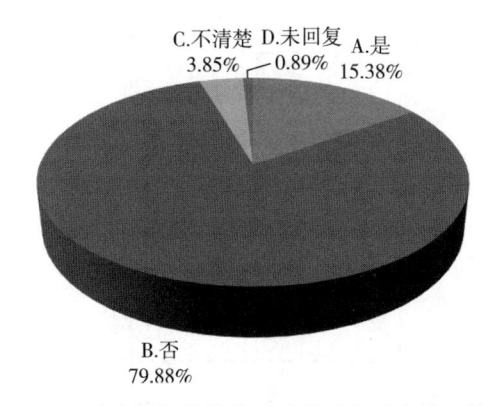

第2章 中央补助科技馆免费开放资金管理和使用情况调查研究

图2-5 科技馆获得其他财政补贴和税收优惠情况

导与科技型企业培育计划、陕西省建设科学家精神基地专项资金、新疆维吾尔自治区的科技馆门票补助项目经费等。

3）补助资金用途

补助资金主要用于科技馆展品展项购置及更新、展教业务活动和展品维护。

在题项"贵馆的免费开放补助资金主要用途包括哪些？（请根据重要性在括号内用1、2、3等排序）"的多选题中，选项包括：A.展教业务活动；B.展品维护；C.展品展项购置及更新；D.展厅更新；E.展品展项研发；F.人才培养；G.流动科技馆、科普大篷车；H.其他（请说明用途）。

问卷调查数据显示，338家科技馆在免费开放科技馆补助资金使用过程中，用于展品展项购置及更新的科技馆有317家，用于展教业务活动和展品维护的科技馆分别为309家，用于展厅更新的有251家，用于人才培养的有200家，用于展品展项研发的有129家，如图2-6所示。

在补助资金最主要的用途排序中，将资金用于展品展项购置及更新排在第一位的科技馆有137家，将资金用于展教业务活动排在第一位的科技馆有109家，将资金用于展品维护排在第一位的科技馆有40家，将资金用于展厅更新排在第一位的科技馆有34家，如图2-7所示。

2021年展品更新改造支出金额最高的是石嘴山市科技馆，达到1000.73万元，其次为芜湖科技馆（567.00万元）、宁夏回族自治区科学技术馆（488.80万元）、安徽省科学技术馆（424.13万元）。图2-8所示是2021年展品更新改造支出前10位的免费开放科技馆。2021年有106家免费开放科技馆展品更新改造支出较2020年增加，其中，石嘴山市科技馆展品更新支出增加金额最多，为669.73万元，其次为晋江市科技馆（增加372.91万元）、内蒙古科学技术馆（增加299.00万元）；有113家科技馆展品更新支出比2020年减少，其中，吉林省

055

科技馆免费开放的实践探索

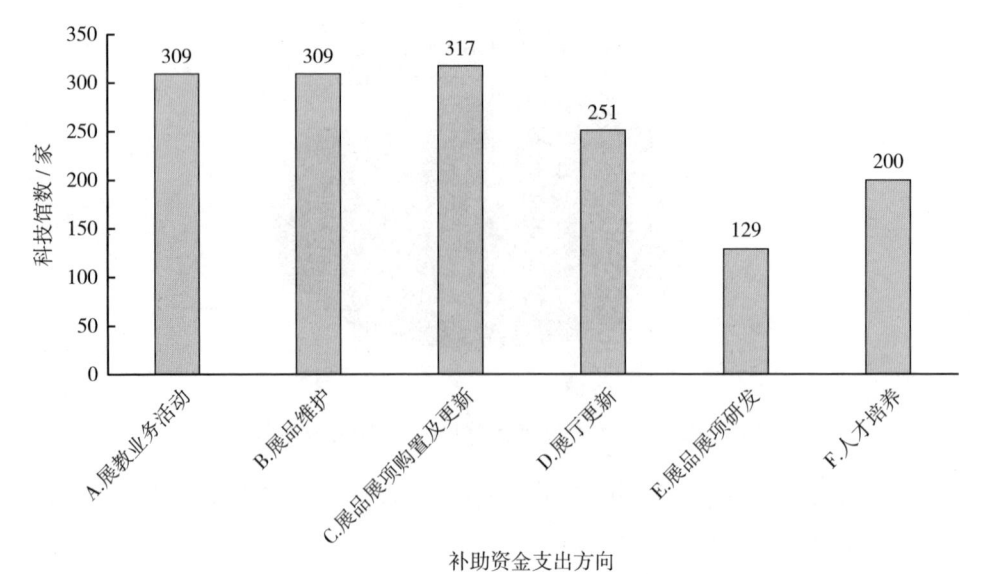

图2-6 补助资金支出方向

支出方向	科技馆数/家
A.展教业务活动	309
B.展品维护	309
C.展品展项购置及更新	317
D.展厅更新	251
E.展品展项研发	129
F.人才培养	200

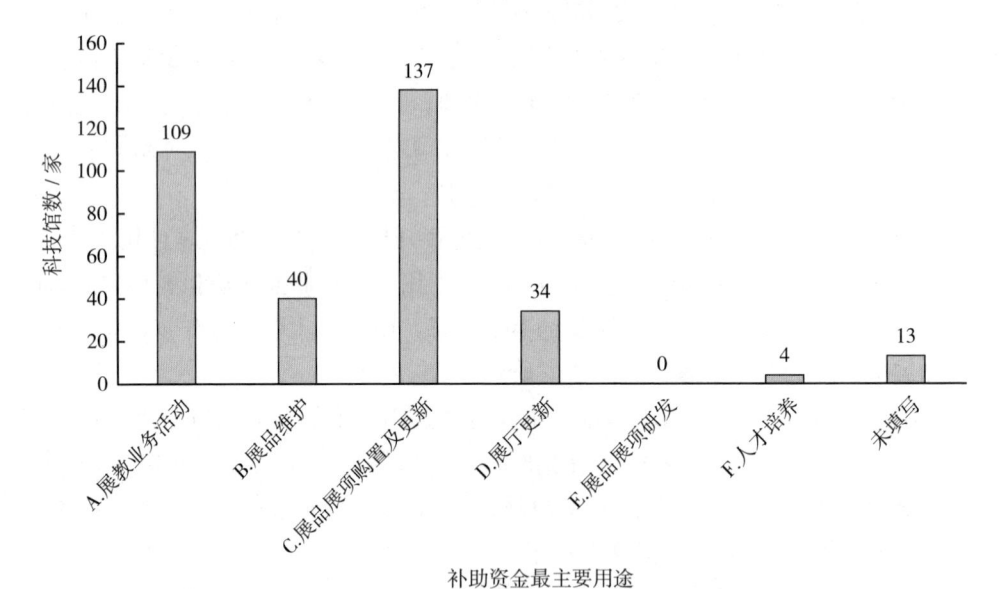

图2-7 补助资金最主要的用途

最主要用途	科技馆数/家
A.展教业务活动	109
B.展品维护	40
C.展品展项购置及更新	137
D.展厅更新	34
E.展品展项研发	0
F.人才培养	4
未填写	13

科技馆展品更新支出减少最多（减少661.12万元），其次为福建省科技馆（减少504.24万元）、榆林市科学技术馆（减少468.00万元）。

此外，有37家科技馆将免费开放补助资金用于场馆基本运行维护，26家科技馆用于聘用人员工资和志愿者服务，10家科技馆用于临展、巡展、讲座、线上科普活动、科技下乡活动等，7家科技馆用于宣传工作。

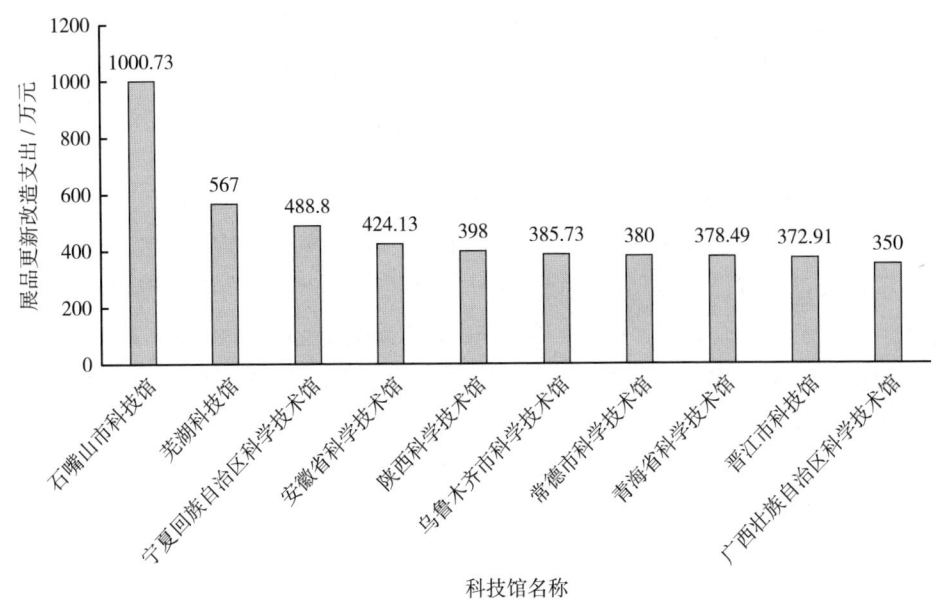

图2-8　2021年展品更新改造支出前10位的免费开放科技馆

4）补助资金支出范围

（1）超90%的科技馆认为目前免费开放补助资金关于支出范围和内容的规定比较明确，但"增量部分"需进一步说明

建议进一步明确补助资金可以使用的范围、禁止支出的类别和范围、每部分支出的比例要求等。如补助资金能否用于科技馆辅导员人员工资或者绩效发放、志愿者补贴发放、展教工作人员服装配备和人才培养等方面的支出。

（2）部分科技馆希望资金可以用于运行保障和非在编人员经费

在题项"您对补助资金支出范围和支出内容的建议"中，33家科技馆建议补助资金可以用于科技馆运行保障，如展厅水电及物业管理费等运行保障、工装采购、展品配套设施小件维修等；或者未来在资金管理办法制定过程中，进一步明确设定一定比例的资金可以用于日常运行保障。28家科技馆建议资金可以用于非在编人员经费，如用于科技志愿者服务补助、科技辅导员人员费用、对社会化用工人员的工资保险和培训，以及科普场馆人员绩效工资等。

5）补助资金分配影响因素

（1）补助资金分配应重点考虑的基本因素是室内展教面积，其次是年参观人次，再次是宣传及影响力、展品更新情况、教育活动举办次数、年开放天数和特色展品展项数

在题项"您认为免费开放科技馆补助资金分配时应重点考虑的四个基本因

素（按重要性将其排序）"的多选题中，选项包括：A.室内展教面积；B.室外展教面积；C.特色展品展项数；D.展品资产总价值；E.年参观人次；F.宣传及影响力；G.年开放天数；H.展品完好率；I.展品更新情况；J.科普影片更新情况；K.教育活动举办次数；L.地方财政困难程度；M.绩效情况；I.其他。

问卷调查数据显示，在338家科技馆中，有289家科技馆选择了室内展教面积，172家科技馆选择了年参观人次，117家科技馆选择了宣传及影响力，111家科技馆选择了展品更新情况，111家科技馆选择了教育活动举办次数，103家科技馆选择了年开放天数，102家科技馆选择了特色展品展项数，90家科技馆选择了地方财政困难程度，58家科技馆选择了展品完好率，52家科技馆选择了展品资产总价值等，如图2-9所示。

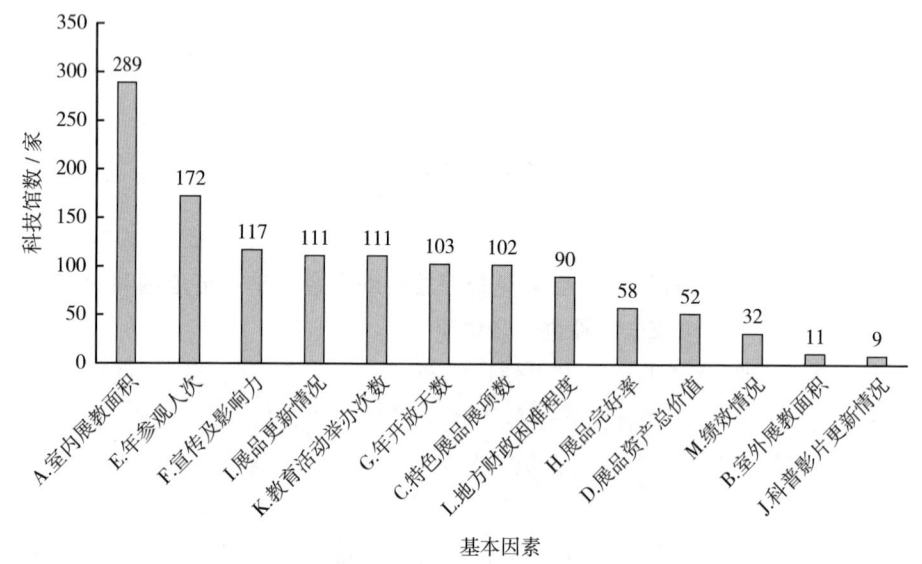

图2-9　补助资金分配时应考虑的基本因素

同时，由338家科技馆对补助资金分配基本因素的重要性排序发现：在排名第一的分配因素中，有119家科技馆将室内展教面积排在第一位，45家科技馆将年参观人次排在第一位；在排名第二位的分配因素中，有51家科技馆将年参观人次排在第二位；在排名第三位的分配因素中，有50家科技馆将年参观人次排在第三位，39家科技馆将展品更新情况排在第三位，37家科技馆将教育活动举办次数排在第三位；在排名第四位的分配因素中，有52家科技馆将教育活动举办次数排在第四位，39家科技馆将宣传及影响力排在第四位。

（2）补助资金分配应考虑的最重要的两个调节因素是省、直辖市、自治区财政状况和绩效评价结果

在题项"您认为免费开放科技馆补助资金在各省、直辖市、自治区间分配应考虑哪些调节因素"的多选题中，选项包括：A.省、自治区、直辖市财政状况；B.绩效评价结果；C.省、自治区、直辖市免费开放科技馆个数；D.监督检查结果；E.其他。

问卷调查数据显示，在338家科技馆中，有295家科技馆认为补助资金分配时应考虑省市自治区财政状况，245家科技馆认为应考虑绩效评价结果，213家科技馆认为应考虑省市自治区免费开放科技馆个数，162家科技馆认为应考虑监督检查结果，如图2-10所示。

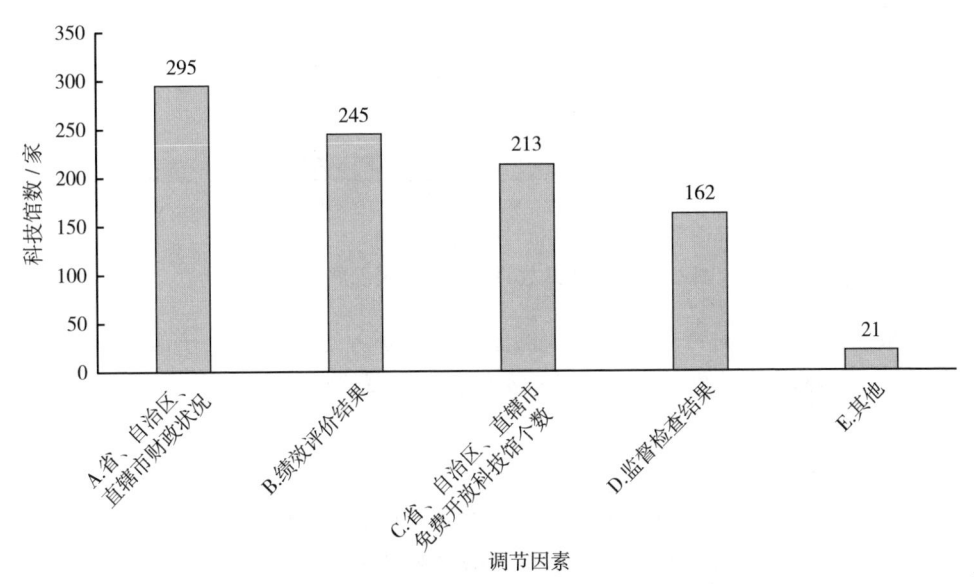

图2-10 补助资金分配时应考虑的调节因素

此外，部分科技馆建议在资金分配时多向老少边穷地区倾斜，加大对县级基层科技馆的扶持，并向省、自治区、直辖市新建成的科技馆倾斜。同时，结合科技馆的人员配置情况、开放年限、设备使用年限、地方财政配套资金、科技馆影响力，以及所在地区的人口密度和科普需求情况及时调整科技馆免费开放补助资金分配额度。

6）特色展品展项情况

（1）近85%的科技馆认为拥有特色展品展项

问卷调查数据显示，在338家科技馆中，认为自己有特色展品展项的科技馆有 290 家，占 85.8%；认为自己没有特色展品展项或该项内容未填写的科技馆有 48 家，占 14.2%。

（2）大多数科技馆特色展品展项为 1—5 项

问卷调查数据显示，科技馆特色展品展项数量大多集中在 1—5 项。其中，特色展品展项 10 项以上的科技馆有 5 家，6—10 项的科技馆有 20 家，1—5 项的科技馆有 265 家。图 2-11 所示为免费开放科技馆特色展品展项情况。

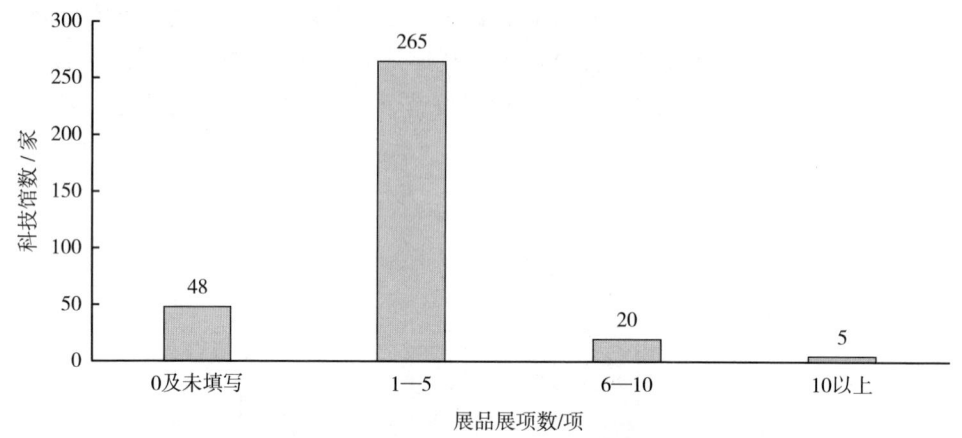

图2-11　免费开放科技馆特色展品展项情况

虽然调查问卷对特色展品展项的定义进行了界定，但各科技馆基本上是按照自己的理解填写问卷，问卷中部分展品展项不属于特色展品展项，或者将科技馆常设展品展项未作区分直接填写为特色展品展项。

7）绩效评价与监督情况

（1）约 97% 的免费开放科技馆开展过各种形式的绩效评价

在题项"科技馆免费开放后贵馆绩效评价工作开展情况"的多选题中，选项包括：A. 开展过自评价；B. 主管部门组织开展过绩效评价；C. 财政委托第三方机构开展过绩效评价；D. 未开展过绩效评价。

问卷调查数据显示，在 338 家科技馆中，97% 的科技馆开展过绩效评价。其中，280 家科技馆开展过自评价，占比 82.84%；241 家科技馆由主管部门组织开展过绩效评价，占比 71.30%；96 家科技馆由财政委托第三方机构开展过绩效评价，占比 28.40%。

同时开展过自评价、主管部门组织开展的绩效评价和财政委托第三方机构开展的绩效评价的科技馆有 65 家，占比约 19.23%；同时开展过自评价和主管部门组织开展绩效评价的科技馆有 140 家；同时开展过自评价和财政委托第三方机构开展绩效评价的科技馆有15家。但仍有10家（约占3%）科技馆未开展过绩效评价。图2-12呈现了科技馆绩效评价情况。

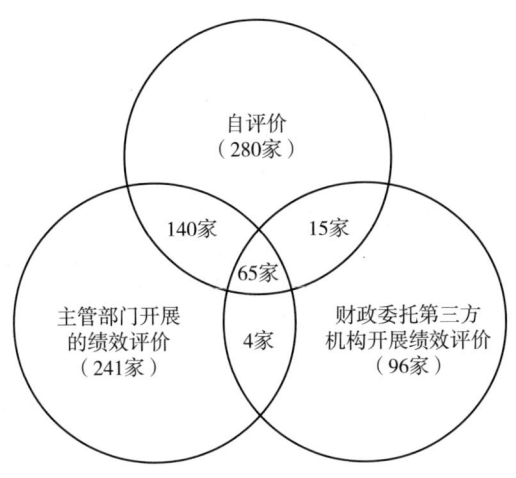

图2-12 科技馆绩效评价情况

（2）免费开放科技馆补助资金使用均接受了各种形式的监督和管理

在题项"各级科协部门对免费开放科技馆的监督管理情况"的多选题中，选项包括：A.定期进行监督检查；B.不定期进行监督检查；C.未进行监督检查；D.进行全过程的监督管理；E.个别环节进行监督管理。

问卷调查数据显示，338家科技馆均接受了各级科协部门的监督管理。其中，在监督检查频次上，150家科技馆定期接受过监督检查，76家科技馆接受不定期监督检查，112家未回复监督检查频次情况；在监督检查范围上，149家科技馆接受了全过程的监督管理，8家科技馆接受了个别环节的监督管理，181家未回复监督检查情况，如图2-13所示。

8）免费开放政策效果

（1）免费开放科技馆政策实施后科技馆运行效果显著提升

科技馆免费开放政策实施以来取得了明显成效，展教质量大幅提升，在"双减"背景下，产生了巨大的社会效益，让更多的青少年切实受益，助力中华民族的伟大复兴。问卷调查数据显示，免费开放科技馆政策实施后，319家科技馆运行效果显著提升，17家科技馆运行效果小幅提升，二者占免费开放科技馆总数的99.41%；2家科技馆运行效果变化不大，如图2-14所示。科技馆免费开放政策及补助资金的实施，有效改善了科技馆的运行效果，助力科普基础设施建设高质量发展。

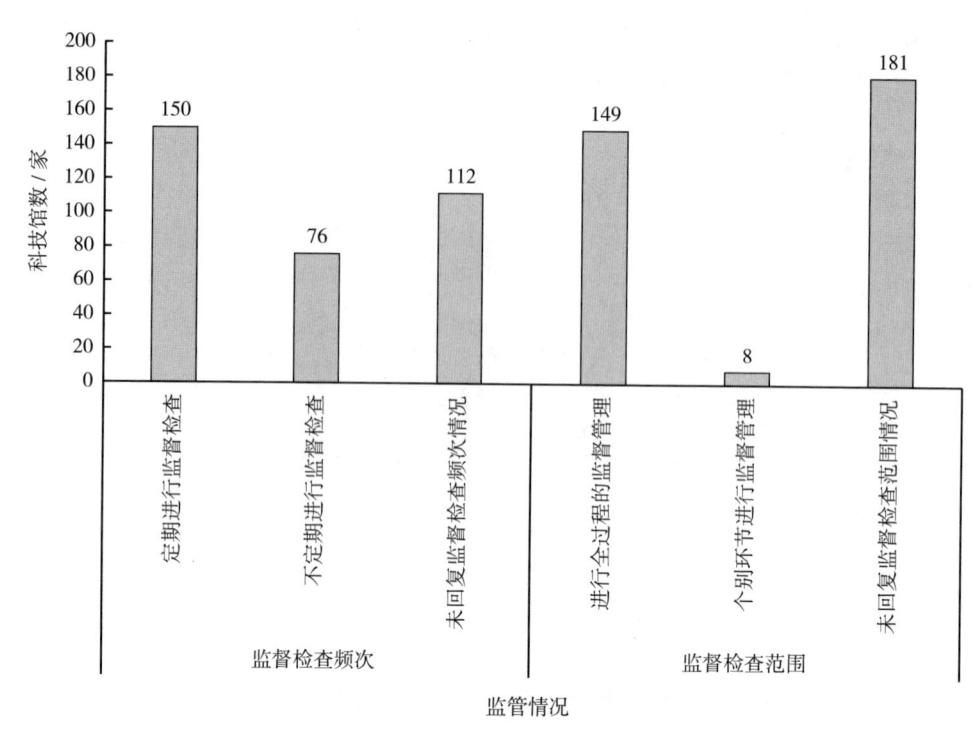

图2-13 各级科协对免费开放科技馆的监督管理情况

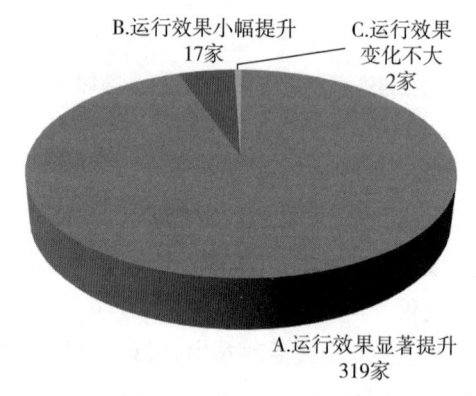

图2-14 科技馆免费开放政策实施后场馆运行情况变化

（2）科普基地建设的品牌效应进一步强化了免费开放科技馆建设成效

在题项"您认为成为科普基地可以使贵馆获得的支持"多选题中，选项包括：A.更充分的资金支持；B.更多的观众数量；C.更高的社会关注度；D.更多的高水平人才；E.更多的合作机会；F.更好的政策支撑。

问卷调查数据显示，274家科技馆认为科普基地建设可以有效发挥品牌效应,使科技馆可以获得更高的社会关注度;231家科技馆认为科普基地可以给科技馆带来更多的观众量;229家科技馆认为可以获得更多的政策支持;222家科技馆认为可以获得更多的资金支持;209家科技馆认为可以获得更多的合作机会;147家科技馆认为可以获得更多的高水平人才;114家科技馆认为可以同时获得上述6种形式支持,有效提升免费开放科技馆的建设成效,如图2-15所示。

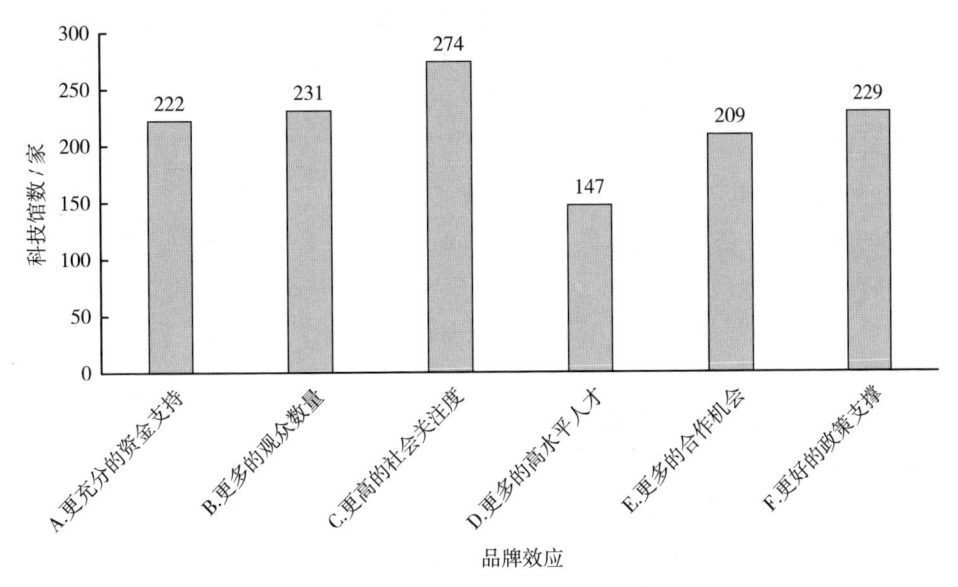

图2-15 科技馆成为科普基地可能带来的品牌效应

2.2.4 几点建议

1)科技馆免费开放资金管理和使用的问题和困难

科技馆免费开放政策自2015年实施以来,政策覆盖范围和支持力度逐年加大,使更多的社会公众走进科技馆,不仅实现了科技馆自身的科普教育功能,更促进了社会公众科学文化素养的提高。同时,科技馆免费开放工作以及资金使用和管理过程中也遇到了一些亟待解决的问题和困难。

一是免费开放科技馆单位面积补助金额呈下降趋势。科技馆免费开放补助资金总额不断提高,但每平方米展览教育面积补助金额却在下降。补助资金还不能满足科技馆免费开放工作的需要。

二是补助资金"增量部分"支出范围亟待明确。调研中发现,超过90%的科技馆认为目前免费开放补助资金关于支出范围和内容的规定比较明确;但也有部分科技馆认为,根据中国科协、中宣部、财政部联合下发的《关于全国科技馆免费开放的通知》中"补助资金主要用于免费开放门票收入减少部分、绩效考核奖励、运行保障增量部分等"的规定，因各地对政策理解不同，特别是对"增量部分"的界定不明确，可支出使用方向不够具体，需进一步解释说明。

三是部分地区地方财政配套资金有未增反降的情况。调研中发现，338家科技馆中，仍有102家科技馆未获得各级财政的配套资金。而且，部分科技馆出现获得科技馆免费开放补助资金后，地方财政配套资金未增反降的情况。

四是科技馆免费开放绩效考核机制尚未建立。调研发现，免费开放科技馆补助资金使用均接受了各种形式的监督和管理，但是尚未有统一的、面向所有免费开放科技馆的绩效考核机制。

2）科技馆免费开放资金管理和使用建议

针对免费开放过程中出现的问题和遇到的困难，依据现场调研和各科技馆提交的材料反馈，应加快研究制定《科技馆免费开放补助资金管理办法》，为科技馆免费开放补助资金的分配、管理和使用提供明确的政策支撑。提出以下四方面的建议：

（1）关于补助资金分配因素

一是科技馆免费开放资金分配选取科技馆展览教育面积、年观众总人次、绩效评价情况和财政困难系数四因素。选取科技馆展教面积和年观众总人次作为补助资金分配的基本因素，选取地方财政困难程度和绩效评价情况作为补助资金分配的调节因素。

二是在展览教育面积计算上，建议将室外有实际展览效果的空间纳入展览教育面积。

三是在观众人次计算中，将科技馆举办的线上科普活动参加人次按一定比例计入科技馆年度观众总人次。

四是资金分配时适当向西部地区、科技相对落后地区倾斜。

（2）关于补助资金支出范围

一是明确《关于全国科技馆免费开放的通知》中"绩效考核奖励、运行保障增量部分等"的具体内涵和范围。进一步明确补助资金使用范围和禁止使用的范围。

二是补助资金可用于运行保障。

三是补助资金可部分用于非在编人员工资、绩效及培训支出，进一步提升科技馆的积极性，更好地提供高质量的科普服务。

（3）关于科技馆免费开放政策配套措施

一是地方财政持续加大对科技馆的补贴力度，建立中央和地方协同的科馆资金稳定增长机制。

二是各级财政、税务、海关、科技等部门持续加大对免费开放科技馆的财政补贴和税收优惠，支持免费开放科技馆不断提升公共文化服务水平，为全民科学素质建设提供更好的服务。

（4）关于绩效评价和监督管理

一是定期开展绩效评价，免费开放科技馆每年进行一次自评价，各级科协主管部门每年组织开展一次绩效评价，上述两种绩效评价应实现对全国所有免费开放科技馆全覆盖。委托第三方机构开展绩效评价，建议各省每年选取一定比例的科技馆委托第三方机构开展绩效评价，争取3年内第三方机构开展绩效评价全覆盖。以上评价结果应作为下一年度补助资金分配的依据。

二是各级科协加强对补助资金全过程的监督管理。

此外，建议加强科普基地建设，建立科普基地和科技馆免费开放协同运行机制，提升科普供给能力，持续助力全民科学素质提升。

2.3 《科技馆免费开放补助资金管理暂行办法（建议稿）》起草情况

2.3.1 《科技馆免费开放补助资金管理暂行办法（建议稿）》起草说明

1）科技馆免费开放及补助资金概况

2015年，为贯彻落实党的十八大精神，向公众提供公平均等的科普公共服务，提高我国全民科学素质，中国科协、中宣部、财政部共同推动科技馆免费开放工作，2015年3月联合印发《关于全国科技馆免费开放的通知》。该通知明确中国科协主要负责组织实施和业务指导；中宣部负责统筹指导，协调各有关部门解决推进免费开放工作中的重大问题；财政部主要负责安排中央财政补助资金。通知中指出科技馆免费开放的实施范围为科协系统所属的具备基本常设展览和教育活动条件，并有一定的观众服务功能，能够正常开展科普工作，符合国家有关规划并由相关部门批准立项建设的县级（含）以上公益性科技馆。原则上常设展厅面积1000平方米以上，符合免费开放实施范围的科技馆实行免费开放。

科技馆免费开放政策实施以来，中央财政补助资金持续增长，从2015年启动时的3.46亿元增加到2022年的8.47亿元，8年来中央财政累计投入经费超过50亿元。免费开放科技馆数量由2015年的92家增加到2022年的339家，免费开放的县级科技馆已达170家，占全国免费开放科技馆的50%以上。免费开放覆盖范围逐步扩大，极大地改善了我国中西部地区和中小型科技馆经费困难状况，服务效果及财政经费利用效益总体良好。在中央财政大力支持下，科协系统所属科技馆免费开放实施工作社会反响热烈，提升了我国科普基础设施的公共服务能力，促进了欠发达地区公共科普服务的公平普惠，完善了国家公共文化服务体系，有效助力我国公民科学素质提升，达到了预期目标。

2）制定科技馆免费开放补助资金管理办法的必要性

随着科技馆事业的发展和免费开放科技馆数量的增加，补助资金需求将会不断增加。为此，迫切需要开展补助资金管理与使用情况的调查研究，制定科技馆免费开放补助资金管理暂行办法。

一是贯彻落实中央要求，发挥科技馆在提升全民科学素质方面的重要作用。党中央、国务院历来高度重视科普工作，党的二十大报告明确指出要加强国家科普能力建设。习近平总书记在"科技三会"上强调"科技创新、科学普及是实现创新发展的两翼，要把科学普及放在与科技创新同等重要的位置"；《全民科学素质行动规划纲要（2021—2035年）》强调要加强实体科技馆建设，开展科普展教品创新研发，提升科技馆服务功能。《关于新时代进一步加强科学技术普及工作的意见》强调要全面提升科技馆服务能力，推动有条件的地方因地制宜建设科技馆，支持和鼓励多元主体参与科技馆等科普基础设施建设，加强科普基础设施、科普产品及服务规范管理。为贯彻落实中央要求，从制度上推动科技馆科普公共服务公平普惠，保障全民科学素质提升，迫切需要制定补助资金管理办法。

二是坚持以需求为导向，满足基层实际需求。近年来，我们对免费开放的科技馆进行了调查研究，对免费开放实施情况进行综合评估。科技馆辐射范围也不再局限于到馆参观的群众，而是通过数字科技馆、流动科技馆等线上线下结合的形式，将科普资源带进农村、社区和学校。免费开放政策落实成效显著，补助资金使用效益不断提高。同时，在评估中地方财政部门、科协和科技馆对进一步规范补助资金的管理和使用，健全完善科学化、规范化、系统化的绩效考核等提出了强烈需求。面临新形势下科技馆免费开放的新要求新任务，科技馆免费开放政策需要与时俱进，不断优化完善，以推动科技馆体系建设发展，充分发挥科技馆作为科普事业发展阵地的重要作用，更好地实施科学文化普及，提高全民科学素质，迫切需要制定补助资金管理办法。

三是落实预算绩效管理，提高转移支付资金使用质效。明确免费开放补助资金使用范围和管理要求，指导地方科技馆合理合规使用中央财政经费。根据我国人口多、地域广，区域经济社会发展不平衡，协调发展任务繁重的实际情况，全面贯彻落实《中共中央 国务院关于全面实施预算绩效管理的意见》和《国务院关于改革和完善中央对地方转移支付制度的意见》，更好地体现中央政府的意图，促进相关政策的落实，便于监督检查；同时，发挥地方政府了解居民公共服务实际需求的优势，因地制宜统筹安排财政支出和落实管理责任；完善中央补助科技馆免费开放资金管理制度，均衡地区间基本财力，提高转移支付资金使用质效，保障科技馆更好地履行免费开放相关职能，迫切需要制定补助资金管理办法。

3）补助资金管理办法拟解决的关键问题

起草和编制科技馆免费开放补助资金管理办法，拟解决的关键问题有5个。

一是明确补助资金管理和分配的主体。为落实《中华人民共和国预算法》及其实施条例的相关要求，加强科技馆免费开放补助资金规范管理和使用，提高资金使用效益，需明确补助资金管理和分配的主体。在《科技馆免费开放补助资金管理暂行办法（讨论稿）》中提出补助资金的管理和使用坚持"统筹安排、分级管理、分级负责、注重绩效"的原则。同时明确由财政部负责确定补助资金分配原则、分配标准，审核补助资金分配建议方案并下达预算，指导地方预算管理、全过程绩效管理等工作。中国科协负责审核地方相关材料和数据，提供资金测算需要的基础数据，提出资金需求测算方案和分配建议，开展日常监管、绩效管理，督促和指导地方做好资金使用管理等。

二是规范补助资金的分配方法，明确补助资金测算标准。补助资金的分配方法是制定科技馆免费开放补助资金管理办法的重要内容，需确定科学合理的补助资金的分配方法。补助资金管理暂行办法（讨论稿）中提出补助资金采取因素法进行分配，分配因素包括基础因素和政策任务因素。其中，基础因素包括科技馆展览教育面积、年服务观众人次、展品更新情况、短期展览情况、教育活动情况、网络科普服务情况等。政策任务因素主要包括《全民科学素质行动规划纲要（2021—2035年）》明确要求的涉及科普公共服务均等化的重点任务，以及科普事业发展的新任务新要求等；财政部会同中国科协综合考虑各地科技馆免费开放工作进展、补助资金使用、绩效评价等情况，研究确定绩效调节系数，并结合财政困难程度，对补助资金分配情况进行适当调节。

三是明确补助资金支出方向和使用范围，规范补助资金的使用。为鼓励各免费开放科技馆开展多种形式的公共科普服务，增加科普服务有效供给，切实提升科技馆的科普服务能力，补助资金管理暂行办法（讨论稿）提出补助资金支出范围和支出内容包括：运行保障，展览展品展项的研发、维护、更新，自主开展的面向基层公众的流动科普服务，数字科技馆和展教资源数字化建设，线上科普活动等。除了上述支出项目，其他与科技馆运行工作直接相关的支出应当符合相关管理规定。同时，明确补助资金的使用需严格按照补助资金作为一般性转移支付的基本性质，明确补助资金不得用于科技馆基本建设、征地拆迁，不得用于支付各种罚款、捐款、赞助、投资、偿还债务等支出，不得用于行政事业单位编制内在职人员工资性支出和离退休人员离退休费等。

四是发挥中央资金的引导作用，促进全国免费开放科技馆高质量均衡发展。为深化科普资源供给侧改革，拓展科技馆"三基地一平台"的功能定位，着眼于满足公众对高质量科普的需求，一要建立补助资金稳定投入机制，补助资金管理暂行办法（讨论稿）明确了财政部对补助资金分配建议方案进行审核，于每年全国人民代表大会批准中央预算后30日内，正式下达补助资金预算。补助资金预算根据科技馆免费开放情况、成本支出情况，以及中央财政财力等情况统筹确定。二要充分考虑老少边穷地区底子薄、发展慢的特殊情况，真实反映各地的支出成本差异，补助资金管理暂行办法（讨论稿）中将财政困难系数列入政策任务因素。按照国务院规定的基本标准和计算方法编制，科学设置补助资金测算因素、权重，促进地区间基本公共服务均等化，实现区域协调发展。

五是建立健全补助资金使用全过程的绩效管理机制。为加强科普经费使用情况的绩效评价，确保专款专用和使用效果，补助资金管理暂行办法（讨论稿）提出了财政部、中国科协适时组织或委托有关机构对补助资金管理使用情况进行监督，督促地方各级财政部门、科协落实预算绩效管理要求。同时，明确地方各级财政部门、科协按照全面实施预算绩效管理的要求，按规定科学合理设定绩效目标，对照绩效目标的实现情况做好绩效监控、绩效评价，强化绩效结果的运用，做好绩效信息公开，提高补助资金使用效益。

4）科技馆免费开放补助资金管理暂行办法的起草过程

首先，深入学习研究相关文件精神。深刻学习领会党的二十大精神，深入学习贯彻习近平总书记关于科普和科学素质建设的重要论述，认真研究《关于新时代进一步加强科学技术普及工作的意见》和《全民科学素质行动规划纲要（2021—2035年）》等相关文件。同时，认真学习研究财政预算和资金管理的有关法律法规，梳理学习近年来相关领域财政补助资金管理方面的最新制度和管理办法，为起草科技馆免费开放补助资金管理暂行办法提供有力支撑。

其次，开展综合评估。前期，由中国科学院科学传播研究中心联合中国科协创新战略研究院、中国科学技术馆、中国自然科学博物馆学会等，对实施科技馆免费开放以来的工作进行综合评估，形成了评估报告和多份研究报告。

再次，广泛开展工作调研。通过科技馆实地考察，问卷调查和线下、线上交流等方式深入了解科技馆免费开放实施情况，对已实施免费开放的338家科技馆进行全覆盖调研，重点围绕中央财政补助资金使用效果和效益以及绩效情况深入了解，听取各地科协、科技馆等一线人员对于免费开放补助资金管理和使用的问题以及意见建议等。

最后，起草《科技馆免费开放补助资金管理暂行办法（讨论稿）》。在深入学习文件精神、充分调研和综合评估的基础上，组织专门力量，起草了《科技馆免费开放补助资金管理暂行办法（讨论稿）》，并通过线上线下相结合的方式，组织业内专家、科技馆专家和从业人员召开多场座谈会；财政部专门发文征求了地方财政厅、科协意见，建议年度总结和绩效自评报告合二为一，经过认真研究充分吸收了意见和建议，最终形成了《科技馆免费开放补助资金管理暂行办法（建议稿）》。

5）《科技馆免费开放补助资金管理暂行办法（建议稿）》主要内容框架

《科技馆免费开放补助资金管理暂行办法（建议稿）》共6章26条，分为总则，补助范围、支出内容与分配方式，测算与下达，管理与使用，绩效与监督和附则，全文约2600字。内容框架主要如下。

第一章总则，共5条。主要阐述该办法原则、适用范围、管理和分配的主体，以及分级管理的职责和要求等。

第二章补助范围、支出内容与分配方式，共3条。主要阐述补助资金具体支出范围、内容，以及分配方式等。

第三章测算与下达，共4条。主要阐述补助资金申报、审批流程，规定相关预算下达方式和时间节点等。

第四章管理与使用，共4条。主要阐述补助资金下达后，对于地方各级财政以及科技馆管理和使用补助资金的要求，需遵守的相关规定等。

第五章绩效管理与监督，共8条。主要阐述绩效管理主体和责任单位，绩效评价实施要求和内容，明确资金监督的责任单位、流程以及建立健全监督检查机制，有效利用绩效评价结果等，同时对违规行为予以处罚和追责进行明确规定。

第六章附则，共2条。作为补充性条款按惯例明确实施时间和具体辅助事项。

2.3.2 研讨、讨论及征求意见

《科技馆免费开放补助资金管理暂行办法（讨论稿）》初步形成后，经过多次研讨和征求意见。

1）补助资金管理办法起草专题会

2022年10月，在中国科技馆针对《科技馆免费开放补助资金管理暂行办法

（讨论稿）》进行了专题研讨，参会成员包括中国科协科普部相关领导、中国科技馆相关领导和课题组部分成员。

与会同志回顾了科技馆免费开放之初补助资金测算的一些考虑，2015年补助资金额度测算依据有三部分，第一部分是免收门票补贴，以科技馆的门票三年的最高值为基础；第二部分考虑对科技馆的内容建设资金的补贴；第三部分运行经费补贴。目前，虽然科技馆免费开放发展整体很好，但是还存在一定问题。一是地方经费的保障，中央财政支持免费开放力度增加，但是有的地方财政支持没有增加反而减少，保持科技馆免费开放经费总量基本没有变化。二是谋划未来不够。三是科技馆免费开放补助经费的使用方向，特别是一律不能用于人员经费与激励的支出，而只能用于非编制人员费用等具体问题。针对以上问题，为寻求突破性解决办法，会上提出了意见和建议。

一是要了解国家文物局关于博物馆免费开放的资金管理办法和测算方法，争取摸清每年科技馆免费开放补助资金的变化规律，测算出每年需要增加补助资金的百分比，在资金管理办法编写说明中作出阐述。

二是2015年发布的《关于全国科技馆免费开放的通知》中有些内容已经过时，应该及时修订，核心内容可以考虑在《科技馆免费开放补助资金管理暂行办法（讨论稿）》中先呈现。

三是线上参加活动人数可以按照一定比例折算，也纳入参加活动总人数当中，也可以简化成来馆人数；同时考虑产出效益，突出服务人数。

四是应考虑地方投入经费的保障，一些地方有了科技馆免费开放资金后经费减少甚至取消了，要对地方财政投入减少有约束，应该保证同步增长。

五是明确绩效概念，研究清楚绩效评价怎么开展？怎么设立评价指标体系？工作绩效系数可以再增加一点，适当加大调节力度。

六是要按照中国科协和财政部的要求测算补助资金。东中部的科技馆已经通过财政困难系数调节解决了运行保障问题，关键要体现科技馆免费开放补助经费带来的明显效益，引导科技馆服务能力提高，实现高效高质发展；要素少一点，绩效评价应突出科技馆服务能力评价，包括服务人数和服务功能延伸扩展，其他场馆中植入科技馆内容的服务人数也应该加入其中；一级指标保基本盘，要有面积；财力差异用财政系数调节；科技馆免费开放补助资金要有利于建设县级科技馆，因为县级科技馆是基层科协组织的阵地，是加强基层科协组织建设的抓手。

通过讨论认为，要明确管理办法制定的核心，即，能干什么？不能干什么？测算主要因素有哪些？一要定盘子，要有一个基数，能表述出来，如科技馆个数和展览面积，可以按照面积为主来测算补助资金；二要分盘子，确定几个指标；

第2章 中央补助科技馆免费开放资金管理和使用情况调查研究

三要向基层倾斜，支撑县级科技馆建设；四要确保新争取的部分，要依据上位文件并有案例参考。在此基础上，课题组进一步修改完善《科技馆免费开放补助资金管理暂行办法（讨论稿）》。

2）财政部征求地方意见及修订情况

2022年12月，财政部发文，征求地方财政部门和科协部门关于《科技馆免费开放补助资金管理暂行办法（讨论稿）》的意见。

在资金管理暂行办法征求意见过程中，北京市财政局和北京市科协认为，鉴于近几年受疫情影响，科技馆免费开放形式趋于多元化，建议进一步明确资金管理暂行办法（讨论稿）第八条因素法，分配基础因素中"年服务观众人次"的范围，除了传统公益性科技馆服务观众人次，建议增加数字科技馆服务观众人次（线上）、流动科技馆服务观众人次等内容。同时，部分省、自治区、直辖市财政部门和科协希望科技馆免费开放年度总结和绩效自评价报告可以合二为一，并将报送时间统一由1月15日和20日改为每年1月底。

财政部基于地方财政部门和科协部门的反馈意见，对《科技馆免费开放补助资金管理暂行办法（讨论稿）》进行了修订，主要修订内容如下。

第一，统一网络科普有关表述。

第二，明确补助资金分配因素。首先，将第八条"分配因素包括基础因素（45%）和政策任务因素（55%）"调整为"分配因素包括基础因素（60%）、科技馆业务发展因素（30%）和政策任务因素（10%）"。为充分体现科技馆业务实施情况在资金分配中的重要作用，将原基础因素"科技馆展览教育面积、年服务观众人次、展品更新情况、短期展览情况、教育活动情况、网络科普服务情况等"进行拆分，明确"基础因素包括科技馆展览教育面积、年服务观众人次、展品更新情况等"，进一步明确"科技馆业务发展因素包括教育活动情况、短期展览情况、网络科普服务情况等"，以更好地激发免费开放科技馆工作的积极性。

第三，明确政策任务因素的内涵。将原有"政策任务因素，主要包括绩效评价情况、财政困难系数、稳定因素，《全民科学素质行动规划纲要（2021—2035年）》等文件中明确要求的涉及科普公共服务均等化的重点任务，以及科普事业发展的新任务新要求等"，调整为"主要包括党中央、国务院明确要求的科技馆建设重点任务、科普事业发展的新任务新要求等"，赋予政策任务因素更大的调节空间。

第四，适当调整补助资金分配公式。绩效评价调节系数和财政困难系数不宜体现在补助资金分配公式中。因此，将原分配公式：某省、自治区、直辖市因素总数 =［Σ（某省、自治区、直辖市基础分配因素数额/全国该项基础分配因素

总数 × 相应权重）×90%+ 政策任务因素 ×10%〕× 绩效评价调节系数 × 财政困难系数。调整为：某省、自治区、直辖市因素总数 =Σ（某省、自治区、直辖市分配因素数额/全国该项分配因素总数 × 相应权重）。同时，补助资金分配公式后增加说明"财政部会同中国科协根据绩效评价等情况，研究确定绩效调节系数，并结合财政困难程度情况，对补助资金分配情况进行适当调节"，更加贴合补助资金预算管理工作的实际。

第五，统一将免费开放工作情况总结和绩效自评估材料报送时间调整为每年1月底。基于地方财政、科协、科技馆的反馈意见，资金管理暂行办法的第九条将科技馆免费开放年度总结报送时间由每年的1月15日报送改为"省级科协会同财政部门，应当及时做好本地区上一年度科技馆免费开放情况总结和数据采集等审核汇总工作，于每年1月底前报送中国科协、财政部"；将科技馆免费开放年度绩效自评价报告由每年的1月20日报送改为第十八条"省级财政部门、科协应当于每年1月底前向财政部、中国科协报送上一年度补助资金绩效自评报告，并抄送财政部当地监管局"。

第六，进一步明确科技馆免费开放绩效管理的责任主体和评价内容。第十七条中将"财政部、中国科协适时组织或委托有关机构对补助资金管理使用情况进行监督"调整为"财政部、中国科协应加强对补助资金分配使用管理情况的监督"。同时，明确指出绩效评价的主体和内容，将"科协可以按照相关规定，引入第三方机构参与绩效评价工作"调整为"财政部会同中国科协，结合地方绩效自评工作，对补助资金配置效率和使用效果进行绩效评价，评价结果作为预算安排、改进管理、完善政策的重要依据"。

第七，考虑到地方财政工作实际，删除征求意见稿中第十三条省级财政部门会同科协制定年度补助资金实施方案有关内容。删除"省级财政部门会同科协，结合本地区科普事业发展规划和有关政策，及时制定年度补助资金实施方案，随资金分配情况同时抄送财政部当地监管局，并报财政部、中国科协备案。补助资金实施方案备案后不得随意调整。如需调整，应当将调整情况及原因报财政部、中国科协备案，同时抄送财政部当地监管局"。

此外，根据征求意见过程中有关领导和专家的建议，对资金管理暂行办法的细节和文字进行了完善。第一，在文字表达顺序方面，应该体现表达内容的重要次序，比如第八条中的"科技馆业务发展因素，包括短期展览情况、教育活动情况、网络科普服务情况等"，应该按照三个指标的重要程度排序，建议将教育活动情况与短期展览情况调换顺序。资金管理暂行办法建议稿中采纳了此建议。对第八条中补助资金分配因素的基础因素、科技馆业务发展因素和政策任务因素三个因素的占比进行多次讨论和测算。一是考虑到基础因素中展教面积是固定的，科技馆服务科普的成效在这个数据中体现不够，而科技馆业务发展因素中的教育活动情况和网络科普服务情况又能体现科技馆服务科普的成效，因此，科技馆业务实施情况可以适当提高占比。但是，展教面积是正常开馆的基本条件，面积大的馆需要的经费肯定更多，只有在保正常开放的前提下才能提升科普服务能力。经过多次测算和讨论，最后确定：基础因素（占比60%）、科技馆业务发展因素（占比30%）和政策任务因素（占比10%）的分配比例。

同时，科技馆免费开放补助资金分配中，设立绩效因素，侧重强化转移支付资金分配的"效率"，对各地科技馆免费开放工作质量进行考核，对落实免费开放政策成效较好的省份予以奖励，建立中央财政资金"花钱问效、无效问责"的绩效评估机制。同时，为突出转移支付资金分配的"公平"，设立财政困难程度系数和稳定系数，财政困难系数是从地方财政状况角度调节地区间的财力分配，反映各地的支出成本差异。稳定系数是从公民科学素质角度调节城乡、区域发展的不平衡。按照《全民科学素质行动规划纲要（2021—2035年）》，人才是第一资源、创新是第一动力的重要作用日益凸显，国民素质全面提升已经成为经济社会发展的先决条件，为实现"2025年我国公民具备科学素质的比例超过15%，各地区、各人群科学素质发展不均衡明显改善"的目标，设立稳定因素，充分考虑老少边穷地区底子薄、发展慢、科学素质总体水平偏低的特殊情况，并进行有效调节，促进地区间基本科普公共服务均等化。同时，科技馆需要稳定的经费支持才能确保在正常运营的基础上进一步提升服务能力，为避免部分省份因无改建或新增场馆导致经费减少、影响已实行免费开放的科技馆的运行，通过稳定因素使各省的补助经费波动减小，保障地方履行财政事权的必要支出。

在此基础上，课题组建议，应进一步明确资金管理办法中"科技馆建设重点任务、科普事业发展的新任务新要求等"的入选标准及相应权重，并开展了相应的研究工作。

2.3.3 补助资金分配因素选取及权重设定

补助资金分配测算坚持稳中有增的基本原则，在保持各科技馆经费稳定的基础上，寻求2023年度科技馆免费开放经费新的增长点。

课题组协助中国科协科普部，尝试多种方法、选取多种因素、设定不同权重，测算分配补助资金，具体情况如下。

1）科技馆分级补助法

首先确定影响补助资金分配的因素，综合计算每个科技馆按分配因素测算的综合得分，按照得分将全国339家免费开放科技馆分为一、二、三级（类），对不同等级科技馆进行定额补助。

具体来说，按照各个科技馆展览教育面积、展品资产总额、特色展品展项数、年观众总人次、单位展览面积年观众人次，建立指标体系，将各分配因素指标按照最大、最小值法进行标准化后，乘以相应权重，并考虑年度工作情况系数和各省财政困难程度系数，综合计算每个科技馆免费开放综合得分，按照得分，参照博物馆分级制度，将全国339家科技馆分为一、二、三级，对不同等级科技馆进行定额补助。

各科技馆分配因素得分=［该科技馆免费开放展览教育面积/（339家科技馆Max-min）×60%＋该科技馆展品资产总额/（339家科技馆Max-min）×20%+该科技馆特色展品展项数/（339家科技馆Max-min）×10%＋该科技馆免费开放年观众总人次/（339家科技馆Max-min）×5%＋该科技馆单位展览面积年观众人次/（339家科技馆Max-min）×5%］×［年度工作情况系数×90%+（某省财政困难程度系数/∑各省财政困难程度系数）×10%］

2）单位展教面积补助法

现有的按照展教面积分级补助方式，操作性较强。在考虑原有以展教面积为核心要素分配资金的基础上，测算2020—2022年度单位展教面积（常设展厅加短期展厅面积）补助标准。经测算，2020年补助标准为587.57元/平方米，2021年补助标准为577.11元/平方米，2022年补助标准为521.10元/平方米，3年平均值为561.93元/平方米。表2-3所示为近3年单位展教面积补助金额的测算情况。

但是，考虑到单一使用展教面积因素进行资金分配，无法全面反映科技馆免费开放工作成效的全貌，也无法有效激发科技馆工作的积极性，因此，暂时搁置该方案，仅供参考。

表2-3　单位面积补助金额测算

年份	全国免费开放补助资金总额/万元	各省份常设加短期展厅面积之和/平方米	单位常设加短期面积补助金额/（元·平方米$^{-1}$）
2020	78897	1342769.00	587.57
2021	79680	1380671.20	577.11
2022	84680	1625033.60	521.10
3年均值	—	—	561.93

3）因素法

（1）双因素法补助资金分配测算

双因素法即在展教面积的基础上，增加年观众人次因素，综合测算补助

第2章 中央补助科技馆免费开放资金管理和使用情况调查研究

资金。

假设各省免费开放科技馆绩效评价情况系数均为1，在不考虑新增免费开放科技馆的情况下，将2022年免费开放科技馆补助资金总额84680万元作为339家科技馆的补助金额进行测算，以验证科技馆免费开放补助资金管理暂行办法讨论稿中资金分配公式的科学性和合理性。

按照标准差最小、与原分配方案匹配效果最优的原则，发现展教面积占比60%、参观人数占比40%时，拟合效果最优。表2-4所示为双因素法下不同权重分配结果。

表2-4 双因素法下不同权重分配结果

权重	展馆面积	参观人数	标准差
权重1	0.9	0.1	5071.76
权重2	0.8	0.2	4837.63
权重3	0.7	0.3	4714.02
权重4	0.6	0.4	4709.65
权重5	0.5	0.5	4824.83
权重6	0.4	0.6	5048.17
权重7	0.3	0.7	5375.30
权重8	0.2	0.8	5780.18
权重9	0.1	0.9	6250.32

相关测算过程及结果如下。

双因素公式：

某省免费开放科技馆补助资金＝全国免费开放科技馆补助总额×（某省基本因素得分/全国基本因素得分之和）

其中，某省基本因素得分＝（某省免费开放科技馆展览教育面积之和/全国免费开放科技馆展览教育面积之和×60%+某省免费开放科技馆年服务观众人次之和/全国免费开放科技馆年服务观众人次之和×40%）×（某省财政困难系数/全国各省财政困难系数平均值）×某省免费开放科技馆绩效评价情况系数。

采用双因素公式测算后，整体与2022年补助金额相差较大，个别省份差异很大。采用双因素法测算的主要影响如下：

一是对财政困难系数较低的地区影响较大，测算的补助额大幅降低（可能是将财政困难系数直接乘入导致），比如北京市、天津市、厦门市、青岛市、深圳市等。

二是对免费开放科技馆数量较少的地区影响较大，即便是财政困难系数较高，但测算数额也有较大的减少，比如西藏自治区1个馆、青海省2个馆、新疆生产建设兵团1个馆，以及前面提到的北京市、天津市、厦门市、青岛市、深圳市等。

三是对免费开放科技馆数量较多的地区，测算的数额增加较多。有18个馆以上的省份补助额都增加较多，如内蒙古自治区43个馆、山东省29个馆、河南省21个馆、新疆维吾尔自治区21个馆、云南省18个馆。

（2）"定额+因素"法补助资金分配测算

基于以上影响，课题组对公式进行了修正，采用"定额+因素"的方法。定额部分可以稳定补助额，降低波动；因素部分仍然采用双因素法。

每年定额补助部分大约占补助资金总额的40%，按2022年全国免费开放科技馆补助资金84680万元测算定额补助部分约=84680×40%=33872万元

定额部分按省级馆600万元/年、市级馆100万元/年、县级馆30万元/年测算。

每年定额补助额约=26×600+143×100+170×30=35000万元

因素部分：仍然按前面双因素法的思路测算。

提出以下两个建议公式供讨论。

公式一：

某省免费开放科技馆补助资金＝该省定额补助额＋（全国免费开放科技馆补助资金总额－全国定额补助额）×（某省基本因素得分/全国基本因素得分之和）

其中，某省基本因素得分=（某省免费开放科技馆展览教育面积之和/全国免费开放科技馆展览教育面积之和×60%+某省免费开放科技馆年服务观众人次之和/全国免费开放科技馆年服务观众人次之和×40%）×（某省财政困难系数/全国各省财政困难系数平均值）×某省免费开放科技馆绩效评价情况系数。

公式二：分别对财政困难系数和绩效评价情况系数赋予权重。

某省免费开放科技馆补助资金＝该省定额补助额＋（全国免费开放科技馆补助资金总额－全国定额补助额）×（某省免费开放科技馆展览教育面积之和/全国免费开放科技馆展览教育面积之和×60%+某省免费开放科技馆年服务观众人次之和/全国免费开放科技馆年服务观众人次之和×40%）×（某省财政困难系数/全国各省财政困难系数平均值×10%+某省免费开放科技馆绩效评价情况系数/全国各省免费开放科技馆绩效评价情况系数平均值×90%）

根据这两个公式，代入数据测算后，可在很大程度上稳定各省补助资金数

第2章 中央补助科技馆免费开放资金管理和使用情况调查研究

额。两个公式的测算结果与2022年的实际补助额都有一定的差异,但我们发现使用公式二,对分配结果修正效果比较明显。

按以上公式测算,仍不能完全解决上述采用双因素测算存在的问题。建议在专项展品展项补助中留出部分资金作为稳定因素进行调节:一是调节上述公式测算结果与往年差额较大的不平衡问题;二是调节比如疫情等特殊情况发生对各地区参观人次的影响等问题。

按此建议修改后的科技馆免费开放补助资金管理暂行办法中补助资金分配方式如下:

补助资金按照因素法进行分配,采用基本运转补助和专项展品展项补助分别测算。

A. 基本运转补助。用于补助列入免费开放名单的科技馆实行免费开放后正常运转、提升公共服务能力等支出。分配因素为科技馆展览教育面积和年服务观众人次。

科技馆展览教育面积指直接用于举办面向公众的展览、教育活动等的展览教育用房面积,主要包括常设展厅、短期展厅、科普活动室、报告厅、影像厅等用房面积。年服务观众人次指全年到馆参观人次。

基本运转补助资金额度根据科技馆展览教育面积和年服务观众人次确定,并根据财政困难系数和绩效评价情况系数进行调节。

财政困难系数参照中央财政均衡性转移支付财政困难程度系数确定。

绩效评价情况系数根据科技馆免费开放工作绩效评价结果和监督检查结果确定,取值为0.8－1.2。

基本运转补助根据上述因素分配。测算公式如下:

某省免费开放科技馆基本运转补助资金＝全国免费开放科技馆基本运转补助资金总额×(某省免费开放科技馆展览教育面积之和/全国免费开放科技馆展览教育面积之和×60％＋某省免费开放科技馆年服务观众人次之和/全国免费开放科技馆年服务观众人次之和×40％)×(某省财政困难系数/全国各省财政困难系数平均值)×某省免费开放科技馆绩效评价情况系数

B. 专项展品展项补助。用于补助科技馆开展流动科普服务的展品展项、利用其他现有场馆改建科技馆或植入科技馆内容的展品展项支出。分配因素为专项展品展项服务面积和年服务观众人次。

专项展品展项补助根据上述因素分配。测算公式如下:

某省免费开放科技馆专项展品展项补助资金＝全国免费开放科技馆专项展品展项补助

资金总额×（某省免费开放科技馆专项展品展项服务面积之和/全国免费开放科技馆专项展品展项服务面积之和×60%+某省免费开放科技馆专项展品展项服务观众人次之和/全国免费开放科技馆专项展品展项服务观众人次之和×40%）

（3）四因素法补助资金分配测算

四因素法即按科技馆展教面积、年服务观众人次、财政困难系数和绩效评价系数四个因素综合测算分配补助资金。

以展教面积、观众人次、财政困难系数和绩效评价系数四因素占比分别为30%、30%、20%、20%为例。按2022年全国免费开放科技馆补助资金84680万元测算。

某省免费开放科技馆补助资金＝84680×30%×（某省免费开放科技馆展教面积/全国免费开放科技馆展教总面积）+84680×30%×（某省免费开放科技馆观众人次/全国免费开放科技馆观众总人次）+84680×20%×（某省财力因素/各省财力因素之和）+84680×20%×（某省绩效资金乘积/各省绩效资金乘积之和）

其中，某省财力因素＝某省2021年分配资金 × 该省当年财政困难系数。

某省绩效资金乘积＝某省2021年分配资金 × 该省当年绩效评价系数

经过测算，以展教面积、观众人次、财政困难系数和绩效评价系数四因素占比分别为40%、30%、15%、15%时，拟合效果最贴近2022年实际补助资金分配方案。

（4）五因素法补助资金分配测算

五因素法即按科技馆展览教育面积、年服务观众人次、利用现有场馆改建科技馆或植入科技馆内容、财政困难系数、绩效评价情况系数五个因素综合测算分配补助资金。

以展教面积、观众人次、改建情况、财政困难系数和绩效评价系数五因素占比分别为30%、30%、5%、20%、15%为例，按2022年全国免费开放科技馆补助资金84680万元测算。

某省免费开放科技馆补助资金＝某省展教面积/全国展教总面积×2022年全国补助资金总额×30%+某省观众人次/全国观众总人次×2022年全国补助资金总额×30%+某省利用现有场馆改建科技馆或植入科技馆内容/全国利用现有场馆改建科技馆或植入科技馆内容×2022年全国补助资金总额×5%+2022年某省科技馆免费开放财力因素占比/2022年全国各省科技馆免费开放财力因素之和×20%+2022年某省科技馆绩效资金乘积/2022年全国各省科技馆绩效资金乘积之和×15%

计算过程中，财政困难系数用财力因素体现（测算公式：2022年某省科技馆免费开放财力因素＝2021年某省免费开放科技馆补助资金总额×2021年某省地方财政困难程度系数）；绩效评价情况系数用绩效资金乘积体现（测算公式：2022年某省科技馆绩效资金乘积＝2021年某省免费开放科技馆补助资金总额×2021年某省科技馆绩效考核分数）；利用现有场馆改建科技馆或植入科技馆内容的按规划常设展览面积计算。

根据以上公式，分别以8种比例进行倒推。测算结果表明，科技馆展览教育面积占比30%、科技馆年服务观众人次占比30%、利用现有场馆改建科技馆或植入科技馆内容占比5%、财政困难系数占比20%、绩效评价情况系数占比15%，标准差最小，拟合效果最好。

（5）八因素法补助资金分配测算

八因素法即按补助资金分配时考虑展教面积、观众人次、教育活动、短期展览、展品更新、网络科普资源、政策工作、财力因素8个因素综合测算分配补助资金。

按照不同类别，将8个因素分为基础分配因素、运行效果因素、政策任务因素、财政困难系数和调节系数。

一是基础分配因素，包括科技馆展览教育面积、年服务观众人次、展品更新情况。

二是运行效果因素，包括教育活动举办总次数（次）、短期展览开展情况（个）、网络科普资源发布总数量。

三是政策任务因素，主要包括落实《全民科学素质行动规划纲要（2021—2035年）》关于基本实现科普公共服务均等化要求，对利用现有场馆建设科技馆或开展科技馆基本科普公共服务的省予以适当倾斜。

四是财政困难系数。

五是调节系数，主要包括绩效评价情况，补助资金根据绩效评价结果按等级进行调节。

计算分配公式如下：

某省免费开放科技馆补助资金＝全国年度补助资金总额×Σ［某省因素总数/全国因素总数］

其中，某省因素总数＝［Σ（某省免费开放科技馆基础分配因素数额/全国免费开放科技馆该项基础分配因素总数×相应权重）×**%+（某省免费开放科技馆运行效果因素数额/全国免费开放科技馆该项运行效果因素总数×相应权

重）×**%+ 财政困难系数 ×**%+ 政策任务因素 ×**%〕× 绩效评价调节系数

经过测算，展教面积、观众人数、教育活动、短期展览、展品更新、网络科普资源、政策工作、财力因素占比分别为 25%、25%、15%、3%、4%、3%、10%、15% 时，补助资金分配最贴近 2022 年补助资金实际分配额。

（6）十因素法补助资金分配测算

十因素法即按展教面积、观众人次、网络科普资源、教育活动、短期展览、展品更新、地方日常运行投入占中央财政资金比率、14 家改建新馆常设展厅面积、绩效完成情况、稳定因素 10 个因素综合测算分配补助资金。

经过测算展教面积、观众人次、网络科普资源发布总数量、教育活动开展数量、短期展览开展情况、展品更新情况、地方日常运行投入占中央财政资金比率、14 家改建新馆常设展厅面积、绩效完成情况、稳定因素占比分别为 13%、12%、8%、5%、3%、3%、8%、3%、30%、15% 时，补助资金分配最贴近 2022 年补助资金实际分配额。

4）补助资金分配因素选取和权重设定结果

参考上述因素法补助资金分配的测算结果，经征求地方财政、科协和科技馆的意见，最终将补助资金分配因素分为基础因素、科技馆业务发展因素、政策任务因素三类。其中，基础因素包括科技馆展览教育面积、年服务观众人次、展品更新数量等。科技馆业务发展因素包括教育活动情况、短期展览数量、网络科普资源浏览量等。政策任务因素主要包括党中央、国务院明确要求的科技馆建设重点任务、科普事业发展的新任务新要求等。

在保持补助资金稳定的同时，考虑补助资金未来增长点，调动科技馆免费开发工作的积极性，努力实现免费开放科技馆高质量发展，更好地服务于全民科学素质提升。

经过测算，分配因素中，基础因素（60%）、科技馆业务发展因素（30%）和政策任务因素（10%）时，补助资金分配最贴近 2022 年补助资金实际分配额。

最后形成了《科技馆免费开放补助资金管理暂行办法（建议稿）》（附件 2.5）。

2.4 下一步工作建议

"十四五"时期，建议相关业务部门和免费开放科技馆依据《中华人民共和国科学技术普及法》《"十四五"国家科学技术普及发展规划》《关于新时代进一步加强科学技术普及工作的意见》，落实"要把科学普及放在与科技创新同等重要的位置"的重要指示精神，促进科技资源科普化，积极推进科技馆免费开放工作高质量发展，持续提升公民科学素养。

2.4.1 制定绩效管理办法，强化绩效管理和考核

财政部、中国科协加快制定科技馆免费开放补助资金绩效管理办法。以财政专项资金预算编制过程中的绩效目标设立及完成情况作为绩效管理的核心内容，按照"谁申请资金，谁设定目标"的原则，明确免费开放补助资金使用的预期产出和效果。

地方财政部门会同地方科协加强免费开放补助资金使用全流程的监督和管理。地方财政部门督促各免费开放科技馆设定绩效目标、实施绩效监控。运用科学合理的评价方法，按照统一的评价标准和原则，对科技馆免费开放补助资金使用效益、效果、运行效率进行客观、公正的比较和综合评判。并将评价结果作为下一年度补助资金分配依据。

2.4.2 发挥市场作用，建立免费开放资金多元投入机制

建立中央财政补助科技馆免费开放资金投入的稳定增长保障机制。综合考量中央财力因素和科技馆免费开放工作的实际需求，提升单位补贴标准，增加补助资金整体规模；向中西部地区、科技相对落后地区适当倾斜，提升科普资源均等化水平。

强化地方财政部门对科技馆免费开放的支持力度。加大地方财政对免费开放科技馆非在编人员的工资及绩效支持力度，提升科技馆工作人员的积极性。增加地方财政对科技馆基础设施建设的支持力度。

鼓励、支持、引导社会资金投入科技馆免费开放。运用市场化手段，充分盘活社会资金，通过建设科普场馆、设立科普基金、开展多种形式的科普活动，投入科技馆免费开放事业。

2.4.3 加快展品展项标准制定，鼓励各科技馆出特色、出精品

进一步推动科技馆展品展项标准制定工作。相较于发达国家较为完善的科技馆展品展项标准，我国在此方面还比较薄弱，未形成正式的国家和行业标准，部分实力雄厚的科技馆正在研发或者已经研发出展品相关标准，但未形成相应的影响力。加快展品展项标准制定工作，要将免费开放和规范建设有效衔接起来，为展品展项建设和研发提供参考和指导，整体带动全国科技馆标准化建设工作。

鼓励各科技馆出特色、出精品。明确特色展品展项的定义和遴选标准。未来逐步将体现地方特色、行业特色和科技发展最新进展的特色展品展项纳入资金

分配因素中。逐渐调节和引导科技馆结合自身实际和地域优势等展出特色，逐渐改善目前同质化建设的情况。

2.4.4 建立资源共建共享机制，推进科技馆与科普教育基地等协同发展

按照中国科协规划，在科技馆建设过程中，中央财政做资源，地方财政做运行。在中国特色世界一流现代科技馆体系建设过程中，科技馆、科普大篷车、流动科技馆、数字科技馆、农村中学科技馆五位一体，统筹发展，取得了很大的成绩。按照资源共享、优势互补的原则，双向合作，共同打造"科技馆+科普教育基地"联合体，搭建科普教育资源共建共享体系，用好中国数字科技馆，建立科普基地和科技馆免费开放协同运行机制，切实提升科普供给能力，持续助力全民科学素质提升。

创新科技馆建设模式，探索与博物馆、图书馆等共建共享科技馆资源。依托中国科技文化场馆联合体，推动科技场馆和文化场馆加强合作。

附件2.1 科技馆免费开放补助资金管理使用有关情况调研工作方案

2015年，中央财政设立科技馆免费开放补助资金（以下称补助资金），用于支持地方科技馆免费开放。为充分发挥补助资金在推动科技馆免费开放、普及科学知识、弘扬科学精神、提高全民科学素养等方面的作用，进一步完善资金管理，提升资金使用绩效，拟通过调研，全面深入了解补助资金管理使用情况，广泛听取各方意见和建议，研究提出优化补助资金管理的政策建议，为制定科技馆免费开放补助资金管理办法提供有力支撑。制定调研方案如下。

一、调研目的

深入了解补助资金基本情况、分配情况、使用情况、监管情况、绩效评价情况，以及科技馆免费开放运行和效果等，广泛了解掌握补助资金使用情况、存在的问题和意见建议，提升补助资金使用效率，为制定《科技馆免费开放补助资金管理暂行办法》提供参考和支撑。

二、调研内容

围绕制定《科技馆免费开放补助资金管理暂行办法》进行调研，具体内容主要包括：

（一）补助资金基本情况，包括中央财政资金下达情况、地方财政资金安排配套情况、享受补助资金的单位资金自筹情况等内容。

（二）补助资金分配有关情况，包括资金测算、补助方式、分配流程、预算及执行、部门间职责分工等内容。

（三）补助资金使用情况，包括资金用途、支出范围、取得成效等内容。

（四）补助资金监管情况，包括补助资金管理制度建设情况、资金使用监管过程、监管措施、监管手段、监管成效等。

（五）绩效评价情况，包括绩效管理制度、绩效管理指标、绩效考核、绩效评价及评价结果运用等。

（六）补助资金执行过程中存在的困难与问题。

（七）免费开放前后场馆运行、服务及效果变化情况。

（八）关于制定《科技馆免费开放补助资金管理暂行办法》的意见建议。

三、调研时间

2022 年 8 月。

四、调研对象

截至 2021 年年底获得免费开放资助的全国 339 家科技馆。

五、调研方式

综合采取实地调研、书面调研、委托调研、座谈交流等方式，深入一线调研了解。

（一）实地调研。实地调研纳入免费开放支持范围的科技馆，现场了解有关情况。主要调研对象为北京市、天津市、山西省享受补助资金的科技馆，以及所在地方财政、科协部门。

（二）书面调研。请各地提供补助资金管理使用有关情况，主要调研对象为截至 2021 年年底获得免费开放资助的全国 339 家科技馆。

（三）委托调研。会同中国科协委托北京科技大学协助开展补助资金管理使用情况调研，结合其他省份调研情况，汇总梳理书面调研报告。

（四）座谈交流。实地调研期间，邀请当地财政、科协、科技馆有关人员、科技馆业界专家等进行座谈交流，研讨并完善科技馆免费开放补助资金管理暂行办法。

六、调研人员构成

财政部科教文司、中国科协办公厅、科普部相关人员,邀请中国科技馆有关人员、科技馆业界专家、北京科技大学课题组成员等。

七、有关要求

(一)高度重视,精心组织,确保按时保质完成调研任务,按时形成并报送调研报告。

(二)认真听取专家、一线科研人员和有关单位的心里话,倾听来自一线的声音,拿到一手资料,深入研究有关各方意见建议,为科学决策提供参考。

(三)坚持务求实效,起草的调研报告要从完善补助资金管理、提高资金使用效益的大局出发谋划思路举措,要着重突出务实管用的工作思路或举措,为下一步科学分配、管理资金提供参考。

(四)有关调研安排要结合疫情防控形式开展,如实地调研不具备条件,则采取书面、线上调研方式。自觉遵守中央八项规定精神,不额外增加调研单位负担。

附件2.2 北京科学中心现场调研基本情况

一、补助资金使用情况

依据《中国科协、中宣部、财政部关于全国科技馆免费开放的通知》,资金主要用于促进体系发展、融合发展的1+16+N发展体系建设、馆校合作、馆会合作、国内外馆际交流、科学教育创新实践、流动科学中心、科学文化传播等业务体系拓展支出;科普讲座、论坛、巡展、科普赛事等活动和科普服务项目支出、科技馆人才培养平台、科技馆科普志愿服务队伍等人才队伍建设支出;展览及展品更新支出、国际科技电影展等支出。

北京市科协科普部负责专项资金项目计划管理,北京市科协计财部负责专项资金预算评审、监督检查和绩效评价,北京科学中心负责项目策划、预算编制、组织实施、过程管理。

二、免费开放后场馆运行与服务情况

北京科学中心于2018年9月正式对公众开放,开馆后每年申请免费开放补助资金,对于中心科普活动、馆际交流活动、主题展览、展品及影片更新、流动科技馆建设等工作开展给予了重要的经费保障支撑。

北京流动科学中心在北京市开展相关巡展展教活动工作，在科学中心及其分中心所在区域相关单位已经开展22场巡展活动，参与人数达61884人；1+16+N体系建设发展成员单位29个；举办3届中外馆长对话会，小球大世界主题展教区每年组织开展近百场教育活动，举办科学家精神展、航天精神展、具象数学展、抽象物理展、理性的力量之地球方圆主题展等特色展5个，展项及影片更新约50个，开展各类科学咖啡馆、2020及2021科学跨年夜等科普活动、老年科技大学教学活动、科普赛事活动等近50场。

三、补助资金监管及绩效管理情况

管理制度比较健全，包括《北京市科学技术协会关于进一步规范经济业务活动的通知》《北京市科学技术协会关于进一步加强预算项目全过程监督管理的通知》《北京科学中心内部控制手册》等。绩效管理方面的制度主要有《北京市预算绩效管理办法》《北京市市级财政支出事前绩效评估管理办法》《北京市科学技术协会预算绩效管理办法（试行）》等。

监管手段包括经济业务活动事项审批、OA系统采购审批、合同审批，财务管理系统经费审批等；项目实施全过程管理，取得了较好的监管成效。市科协计财部组织的项目绩效评价结果为良好。

按照《北京市科协项目绩效管理指标体系》设定项目绩效指标。北京市科协适时组织或委托有关机构对专项资金管理使用情况进行监督检查和绩效评价。检查和评价结果作为以后年度分配专项资金的重要参考依据。

四、关于制定《科技馆免费开放补助资金管理暂行办法》的意见建议

从部门管理和一线工作的视角对免费开放补助资金分配方式、补助标准的测算方法及依据、补助资金使用范围、绩效考核，以及免开政策范围是否扩大等问题提供了建议。

补助资金测算考虑的主要因素是展教面积，建议科技馆免费开放补助资金管理暂行办法制定过程中考虑将承担科技馆展教职能的户外场地面积计入补助资金发放计算标准中，将测算依据中的"用于展教用房面积"适当调整为"场所面积"。

建议进一步明确免开经费支出方向的规定，进一步明确补助资金支出内容及分配比例；建议将免开经费中的部分经费（如5%或10%）用于劳务派遣人员的激励中，进一步激励非在编人员提升其服务能力。

从财政资金绩效管理的角度出发，由于中央资金在地方可以结转 2 年使用，因此绩效评估过程中不能较好地体现当年的绩效效果，建议将绩效考核周期适当延长，建议补助资金绩效考核实行 3 年一评价，可以尝试对考核结果优秀的单位进行奖励。

针对北京地区科技馆建设的基本情况，目前北京地区部分区县科技馆建设存在建馆难、老旧多、面积不达标、区县科技馆隶属科委系统等难题，无法得到免开补助资金支持。建议进一步明确"免费开放科技馆"政策的适用范围，建议未来补助资金政策覆盖面可以进行灵活扩展，将部分非科协系统科技馆纳入政策范围。

附件2.3　山西省免费开放科技馆现场调研基本情况

调研的主要目的是了解免费开放科技馆补助资金在地方的使用情况，并按照审计要求和财政资金管理要求，为制定科技馆免费开放资金管理办法提供支撑。

一、山西省科技馆免费开放补助资金管理使用整体情况

目前，山西省科技馆、晋中市科技馆、朔州市科技馆三馆符合免开资金补助条件。

省科协高度重视补助资金使用和管理，将其列入"三重一大"清单，资金使用单位提出资金使用申请，主管部门提出初步意见后，征求省财政厅的意见，经省科协党组会议审议通过后使用，确保资金安排合理合规，并进行绩效考评。省财政厅也多次深入地方指导资金使用，给予补助资金使用管理有益建议。

补助资金保障免费开放质量，丰富活动，促进信息管理建设，改善了公共科普服务供给。但是，随着公众对科普服务的需求不断增加，在政策引导和推动下，不少地方政府陆续新建科技馆，免费开放科技馆的数量和免费开放补助资金需求不断增加，补助资金数量不能适应需求增加；资金管理依据不够不足，对资金使用的正面清单和负面清单建立得不够明确等。

二、关于制定《科技馆免费开放补助资金管理暂行办法》的意见建议

通过深入的讨论和交流，参会人员从部门管理和一线工作的角度就中央和地方资金在使用方向、地方财政资金配套、央财政补助资金使用的范围、资金管理、绩效管理等方面提出建议。

建议中央和地方按照一定比例支持地方科技馆免费开放，或者中央和地方

财政按照资金使用的不同领域进行补助。

建议出台补助资金管理办法，细化经费使用管理，进一步明确中央财政资金使用的范围、支持的方向，避免出现需要资金的时候不能用的问题，指导各地更好的管理使用补助资金。

建议资金使用周期适当延长，资金保障力度适当加大，比如展区改造费用能够允许跨年度集中使用，解决资金分散使用不能实现展区整体改造的问题。

在资金使用范围上，建议正面清单规定得宽泛一些，保持政策活力；负面清单要具体，维护政策的原则性。提高财政资金的使用效率，加强绩效管理。

建议免费开放政策适当向中西部地区、科技相对落后地区倾斜。

观众数量是衡量科技馆建设成效的重要标准，也应该是科技馆免费开放补助资金分配的核心要素。

同时，希望山西省能够结合财力可能加大投入，大力支持现代科技馆体系的建设，努力改善科技服务设施。大力增强科普阵地服务能力，推动提高山西省全民科学素质高质量发展，提升社会文明程度，增强自主创新的能力和文化软实力提供坚实的基础支撑。希望加快推进科技馆免费开放，立足山西省科普工作实际，加强科普资源的共享共建，搭建高水平的科普服务平台，加快推进纳入免费开放科技馆建设。

附件2.4　科技馆免费开放补助资金管理使用情况调查问卷

为进一步提升科技馆免费开放补助资金使用效率，全面了解免费开放科技馆补助资金基本情况、分配情况、使用情况，以及科技馆免费开放运行情况，为制定《科技馆免费开放补助资金管理暂行办法》提供依据和支撑。特开展相关调研，希望您配合填写调研问卷内容。

科技馆名称：
联系人：
联系电话及邮箱：

1. 您对科技馆免费开放了解情况（　　）
　　A. 很了解　　　B. 比较了解　　　C. 一般了解
2. 科技馆免费开放中央财政资金下达情况（　　）
　　A. 及时　　　　B. 比较及时　　　C. 不够及时

3. 您所在的地区，地方各级财政是否对免费开放科技馆安排了配套资金（可多选）（　　）

　　A. 省级财政配套资金　　　　　B. 市级财政配套资金

　　C. 县级财政配套资金　　　　　D. 未安排配套资金

4. 您认为免费开放科技馆补助资金分配及审批流程（　　）

　　A. 分配及审批流程非常规范，各项文件资料齐备

　　B. 分配及审批流程比较规范，各项文件资料比较齐备

　　C. 分配及审批流程不够规范，各项文件资料不够完备

　　D. 分配及审批流程不够规范，各项文件资料欠缺

5. 贵馆对免费开放补助资金预算的编制情况（　　）

　　A. 事前编制详细的补助资金预算

　　B. 事前编制比较详细的补助资金预算

　　C. 事前编制粗略的补助资金预算

　　D. 事前没有编制补助资金预算

6. 贵馆的免费开放补助资金主要用途包括哪些？
（请根据重要性在括号内用1、2、3等排序）

　　（　　）A. 展教业务活动　　　　（　　）B. 展品维护

　　（　　）C. 展品展项购置及更新　（　　）D. 展厅更新

　　（　　）E. 展品展项研发　　　　（　　）F. 人才培养

　　（　　）G. 流动科技馆、科普大篷车

　　（　　）H. 其他（请说明用途）：_____

7. 贵馆信息化服务平台建设及相关活动开展情况（可多选）（　　）

　　A. 有官方网站　　　　　　　　B. 有公众号（App）

　　C. 开展线上科普活动　　　　　D. 有数字科技馆

8. 您认为目前关于补助资金支出范围和内容的规定（　　）

　　A. 规定比较明确

　　B. 规定比较模糊，请指出具体问题：_____

　　C. 您对补助资金支出范围和支出内容的建议：_____

9. 请从下表所列的因素中选择您认为免费开放科技馆补助资金分配时应重点考虑的四个基本因素（按重要性次序将其对应的字母填写在下面的因素1、因素2、因素3、因素4中），并对下表中各因素的重要性进行判断，在选择项中打"√"号：

　　因素1：_____　因素2：_____　因素3：_____　因素4：_____

第2章 中央补助科技馆免费开放资金管理和使用情况调查研究

因　　素	非常重要	比较重要	一般
A. 室内展教面积			
B. 室外展教面积			
C. 特色展品展项数			
D. 展品资产总价值			
E. 年参观人次			
F. 宣传及影响力			
G. 年开放天数			
H. 展品完好率			
I. 展品更新情况			
J. 科普影片更新情况			
K. 教育活动举办次数			
L. 地方财政困难程度			
M. 绩效情况			
I. 其他	（请填写具体因素）		

10. 您认为免费开放科技馆补助资金在各省、自治区、直辖市间分配应考虑哪些调节因素（可多选）（　　　）

A. 省、自治区、直辖市财政状况

B. 绩效评价结果

C. 省、自治区、直辖市免费开放科技馆个数

D. 监督检查结果

E. 其他（请填写具体因素）：＿＿＿＿＿＿＿＿＿＿

11. 上级主管部门和科技馆是否针对免费开放补助资金分配/使用制定了相关管理办法和制度（可多选）（　　　）

A. 上级主管部门制定了资金管理办法及实施细则

B. 上级主管部门制定了资金管理办法

C. 上级主管部门未制定资金管理办法

D. 科技馆内部制定了相关管理制度

E. 科技馆内部未制定相关管理制度

12. 各级科协部门对免费开放科技馆的监督管理情况（　　　）

A. 定期进行监督检查　　　B. 不定期进行监督检查

C. 未进行监督检查　　　　D. 进行全过程的监督管理

E. 个别环节进行监督管理

13. 贵馆有哪些特色展品展项，请依次列出，数量不限。（特色展品展项指区别于大多数场馆都有的，能够体现地方特色、行业特色或科技发展最新进展的，通过自主研发或合作研发而成的展品展项）

  （1）特色展品展项一（列出名称）：＿＿＿＿＿＿＿＿＿＿

  （2）特色展品展项二（列出名称）：＿＿＿＿＿＿＿＿＿＿

  （3）特色展品展项三（列出名称）：＿＿＿＿＿＿＿＿＿＿

  （4）特色展品展项四（列出名称）：＿＿＿＿＿＿＿＿＿＿

  （5）特色展品展项五（列出名称）：＿＿＿＿＿＿＿＿＿＿

14. 以机器人主题为例，贵馆有哪些机器人展品展项？

  （1）机器人展品展项一（列出名称）：＿＿＿＿＿＿＿＿＿＿

  （2）机器人展品展项二（列出名称）：＿＿＿＿＿＿＿＿＿＿

  （3）机器人展品展项三（列出名称）：＿＿＿＿＿＿＿＿＿＿

  （4）机器人展品展项四（列出名称）：＿＿＿＿＿＿＿＿＿＿

15. 贵馆机器人展品展项的设计制作投资约为：＿＿＿＿＿＿万元

16. 贵馆机器人展品展项的现状：

  （1）机器人展品展项数量：＿＿＿＿＿＿件

  （2）机器人展品展项种类：＿＿＿＿＿＿种

  （3）机器人展品展项的完好情况（完好率）：＿＿＿＿＿＿%

  （4）机器人展览是否有独立展区：＿＿＿＿＿＿ ＿＿＿＿＿＿

17. 您认为观众对机器人展品（　　　）

  A. 非常喜欢　　　　B. 喜欢　　　　C. 一般喜欢　　　　D. 不太喜欢

18. 贵馆结合机器人开展科普活动情况

  （1）一年开展次数：＿＿＿＿＿＿＿＿＿＿

  （2）主要活动名称或活动主题：＿＿＿＿＿＿＿＿＿＿

  （3）活动参与对象：＿＿＿＿＿＿＿＿＿＿

  （4）参加人数总计：＿＿＿＿＿＿＿＿＿＿

19. 贵馆结合机器人开展科普活动的方式（可多选）（　　　）

  A. 展示　　　　B. 体验　　　　C. 竞赛

  D. 宣讲　　　　E. 培训　　　　F. 综合

  G. 其他（写出具体方式）：＿＿＿＿＿＿＿＿＿＿

20. 您认为成为科普基地可以使贵馆获得（可多选）（　　　）

  A. 更充分的资金支持　　　　B. 更多的观众数量

  C. 更高的社会关注度　　　　D. 更多的高水平人才

  E. 更多的合作机会　　　　F. 更好的政策支撑

G. 其他（请说明）：＿＿＿＿＿＿＿＿＿＿＿＿＿＿＿＿＿＿＿＿＿

21. 科技馆免费开放后贵馆绩效评价工作开展情况（可多选）（　　）

　　A. 开展过自评价

　　B. 主管部门组织开展过绩效评价

　　C. 财政委托第三方机构开展过绩效评价

　　D. 未开展过绩效评价

22. 您认为免费开放科技馆政策实施后，贵馆运行情况有何变化？（　　）

　　A. 运行效果显著提升

　　B. 运行效果小幅提升

　　C. 运行效果变化不大

　　D. 运行效果变差

23. 贵馆免费开放过程中是否享受过免费开放补助资金政策以外的财政补贴和税收优惠政策？（　　）

　　A. 是（请列出文件名：＿＿＿＿＿＿＿＿＿＿＿＿＿＿＿＿＿）

　　B. 否

　　C. 不清楚

24. 提交问卷时，请同时提交一张贵科技馆外观照片的原图，并附上摄影者的名字，确保采用此照片时不会产生版权纠纷。

附件2.5　科技馆免费开放补助资金管理暂行办法（建议稿）

第一章　总　则

第一条　为规范科技馆免费开放补助资金（以下简称补助资金）管理，提高资金使用效益，根据《中华人民共和国预算法》《中共中央 国务院关于全面实施预算绩效管理的意见》等有关法律法规和政策规定，制定本办法。

第二条　中央财政设立补助资金，对具备基本常设展览和教育活动条件，满足正常开展科普工作等要求，且纳入免费开放实施范围的公益性科技馆进行补助，用于支持和鼓励科技馆开展与自身功能相适应的基本科普公共服务。

第三条　补助资金的管理和使用坚持"统筹安排、分级管理、分级负责、注重绩效"的原则。

第四条　补助资金由财政部会同中国科协管理。

财政部负责确定补助资金分配原则、分配标准，审核补助资金分配建议方案并下达预算,指导地方预算管理、全过程绩效管理等工作。

中国科协负责审核地方相关材料和数据,提供资金测算需要的基础数据,提出资金需求测算方案和分配建议,开展日常监管、绩效管理,督促和指导地方做好资金使用管理等。

省级财政部门和科协,应明确省级及以下各级财政部门和科协在基础数据审核、资金使用、绩效管理等方面的责任,切实加强资金管理。

第五条 补助资金的管理和使用严格执行国家法律法规和财务规章制度,并接受财政、审计、科协等部门的监督检查。

第二章 补助范围、支出内容与分配方式

第六条 补助资金支出范围和支出内容包括:

(一)运行保障。包括科技馆正常运转、举办展览、开展公益性科学教育活动、人才培养等。

(二)展览展品展项的研发、维护、更新等。

(三)自主开展的面向基层公众的流动科普服务。

(四)数字科技馆和展教资源数字化建设、线上科普活动等相关支出。

(五)列支除上述支出项目之外的其他与科技馆运行工作直接相关的支出。其他支出应当符合相关管理规定。

第七条 补助资金不得用于科技馆基本建设、征地拆迁,不得用于支付各种罚款、捐款、赞助、投资、偿还债务等支出,不得用于行政事业单位编制内在职人员工资性支出和离退休人员离退休费。

第八条 补助资金采取因素法进行分配。分配因素包括基础因素(60%)、科技馆业务发展因素(30%)和政策任务因素(10%)。

(一)基础因素,包括科技馆展览教育面积、年服务观众人次、展品更新情况等。

(二)科技馆业务发展因素,包括教育活动情况、短期展览情况、网络科普服务情况等。

(三)政策任务因素,主要包括党中央、国务院明确要求的科技馆建设重点任务、科普事业发展的新任务新要求等。

计算分配公式如下:

某省(区、市)因素总数=Σ[某省(区、市)分配因素数额/全国该项分配因素总数×相应权重]

某省(区、市)补助资金额度=年度补助资金总额×Σ[某省(区、市)因素总数/

全国因素总数］

财政部会同中国科协根据绩效评价等情况，研究确定绩效调节系数，并结合财政困难程度情况，对补助资金分配情况进行适当调节。

财政部、中国科协根据党中央、国务院有关决策部署和科普事业发展新形势等情况，适时修订补助资金管理办法，调整完善相关分配因素、权重、计算公式等，进行综合平衡。

第三章 测算与下达

第九条 省级科协会同财政部门，应当及时做好本地区上一年度科技馆免费开放情况总结和数据采集等审核汇总工作，于每年1月底前报送中国科协、财政部。

第十条 中国科协按要求组织专家根据各省报送的科技馆免费开放情况、新增科技馆名单、绩效评价等内容，提出当年补助资金分配建议方案报财政部。

第十一条 财政部对补助资金分配建议方案进行审核，于每年全国人民代表大会批准中央预算后30日内，正式下达补助资金预算。补助资金预算根据因素法测算分配、中央财政财力等情况统筹确定。

财政部按规定提前下达下一年度补助资金预算数，并抄送财政部各地监管局。

第十二条 省级财政部门接到中央财政下达的预算后，应当会同科协在30日内按照预算级次合理分配、及时下达补助资金预算，并抄送财政部当地监管局。

第四章 管理与使用

第十三条 补助资金支付执行国库集中支付制度。涉及政府采购的，按照政府采购法律法规和有关制度执行。

第十四条 补助资金形成的资产属于国有资产，应当按照国家国有资产管理有关规定管理和使用。

第十五条 补助资金原则上应当在当年执行完毕，年度未支出的补助资金按财政部结转结余资金管理有关规定处理。

第十六条 地方各级财政部门应当落实管理责任，不得挤占、挪用、截留和滞留补助资金。

第五章 绩效管理与监督

第十七条 财政部、中国科协应加强对补助资金分配使用管理情况的监督，督促地方各级财政部门、科协落实预算绩效管理要求。

财政部会同中国科协，结合地方绩效自评工作，对补助资金配置效率和使用效果进行绩效评价，评价结果作为预算安排、改进管理、完善政策的重要依据。

地方各级财政部门、科协按照全面实施预算绩效管理的要求，按规定科学合理设定绩效目标，对照绩效目标做好绩效监控、绩效评价，强化绩效结果运用，做好绩效信息公开，提高补助资金使用效益。

第十八条 省级财政部门、科协应当于每年1月底前向财政部、中国科协报送上一年度补助资金绩效自评报告，并抄送财政部当地监管局，主要包括当年度补助资金支出情况、上一年度科技馆免费开放组织实施情况、绩效目标完成情况、发现的主要问题和改进措施等。

第十九条 财政部各地监管局应当按照工作职责和财政部要求，对补助资金进行监管。

第二十条 各级财政部门、科协及科技馆应强化流程控制、依法合规分配和使用资金，提高补助资金使用的安全性、有效性、规范性。

第二十一条 地方各级财政部门、科协及科技馆，应当对上报的可能影响资金分配结果的有关数据和信息的真实性、准确性负责。发现违规使用资金、损失浪费严重、低效无效等重大问题的，应当按照程序及时报告财政部、中国科协。

第二十二条 科技馆应当严格执行国家会计法律法规制度，按规定管理使用资金，开展全过程绩效管理，并自觉接受监督及绩效评价。

第二十三条 各级财政部门、科协及其工作人员在补助资金分配、使用、管理等相关工作中，存在违反本办法规定，以及其他滥用职权、玩忽职守、徇私舞弊等违法违纪行为的，依法责令改正；对负有责任的领导人员和直接责任人员依法依规给予处分。涉嫌犯罪的，依法移送有关机关处理。

第二十四条 资金使用单位和个人在补助资金使用过程中存在各类违法违规行为的，按照《中华人民共和国预算法》及其实施条例、《财政违法行为处罚处分条例》等国家有关规定追究相应责任。涉嫌犯罪的，依法移送有关机关处理。

第六章 附 则

第二十五条 本办法由财政部、中国科协负责解释。省级财政部门、科协可以根据本办法，结合各地实际，制定具体管理办法。

第二十六条 本办法自印发之日起施行。

第3章

免费开放科技馆展品研究
——以机器人展品为例

【内容摘要】 本章介绍了科技馆展品的分类研究情况和国内外关于机器人科普展品的研究状况,介绍了我国免费开放科技馆特色展品发展的现状和未来发展趋势;采用问卷调查的方法,以全国免费开放科技馆机器人展品为例,对我国科技馆机器人科普展品应用现状进行了调查研究;依据问卷调查结果,对我国免费开放科技馆机器人展品的展出和应用情况进行了分析,包括机器人展品展项整体情况、机器人展品展项种类情况、机器人展品展项投入价值情况、科技馆结合机器人展品展项开展活动情况,以及特色展品展项情况等;总结了我国免费开放科技馆机器人展品发展取得的成绩、存在的问题和成因,提出了进一步推动我国科技馆机器人展品及特色展品健康发展的意见建议。

3.1 关于科技馆展品分类的思考

在梳理科技馆展品相关研究的基础上,结合国内外科技馆调研和实际工作体会,按照"传承中发展、发展中创新"的原则,在原有研究工作基础上对已有分类没有涉及的方面做进一步分析研究,扩展补充科技馆展品的分类方式,丰富分类研究成果。希望能对当代科技馆展示主题的规划以及展品展示形式的设计与更新有所帮助,对更好发挥科技馆展品的作用能有所借鉴和参考。

科普工作者和爱好者对科普展品与科技馆展品并不陌生,但是到目前为止,还没有被大家广为接受的、比较明确的科普展品和科技馆展品的定义与解释。追本溯源,从展品到科普展品再到科技馆展品,都应该有比较清晰的分析研究和明确的定义。按照汉语词典解释,展品即展览品,由此可以将科普展品定义为具有科普功能和价值的展览品[31]。作者认为,科技馆展品可以理解为适合在各类科技馆展出的科普展品。在科普事业蓬勃发展的今天,科技馆作为非正式科学教育的重要场所,尽可能发挥其展品的教育功能显得尤为重要。

随着我国综合国力的增强,国家对科普基础设施建设的投入力度明显加大,各类科技馆以及其他科普场馆不断增多,极大地促进了科技馆展品的发展。科普展品作为科技馆最基础、最丰富的教育资源,种类繁多,包括展品、展项、教具、音像制品、多媒体制品、数字化展品、智能化展品、网络作品、纪念品、宣传品、科普衍生品,等等。科技馆展品的展示形式,决定了科技馆的展教效果。为更好地发挥科技馆科普展品的作用,支撑当代科技馆越来越重视的展示主题的变化与更新,有必要对科普展品进行分类研究。作者作为科普爱好者和科普推广与研究工作者,在对国内外科普场馆的参观调研中,特别是在推广科技馆展品的实际工作中,接触了种类繁多的科技馆展品。在做参观调研记录的过程中,作者曾尝试对这些展品进行归类,结果发现,同样的展品在此馆被归为 A 类,在彼馆却被归为 B 类,因而带来了科技馆展品分类上的迷惑。

作者认为,科技馆展品分类是一项很重要的工作,有必要对其进行进一步研究。

一是科技馆展品的展示形式,在很大程度上决定了科技馆的展教效果。为更好地发挥展品的作用,支撑越来越受当代科技馆重视的展示主题的变化与更新,有必要对科技馆展品进行分类研究。

二是信息技术等现代科学技术的飞速发展和应用,促进了科技馆展品形式不断更新变化,更有必要与时俱进地研究科技馆展品的分类。

三是近年来中国特色现代科技馆体系建设富有成效,流动科技馆、科普大篷车、网络科技馆、基层公共科普设施等各类形式的科技馆对展品的需求与传统实体科技馆相比也发生了很大的变化[32],也需要对满足科技馆体系建设实际需求的各类展品进行分类。

《全民科学素质行动规划纲要(2021—2035 年)》[30]提出"创新现代科技馆体系。推动科技馆与博物馆、文化馆等融合共享,构建服务科学文化素质提升的现代科技馆体系。加强实体科技馆建设,开展科普展教品创新研发,打造科学家精神教育基地、前沿科技体验基地、公共安全健康教育基地和科学教育资源汇集平台,提升科技馆服务功能。"包括科技馆展品在内的科普展教品创新研发作为一项非常重要的基础性研究工作,已经在国家文件中给予了明确的要求。党的二十大报告明确提出"加强国家科普能力建建设"的要求,《关于新时代进一步加强科学技术普及工作的意见》也提出"全面提升科技馆服务能力,推动有条件的地方因地制宜建设科技馆,加强科普基础设施、科普产品及服务规范管理"的部署。

因此,做好科技馆展品分类工作,有助于开发出更加有效且实用的科技馆展品,也有助于发挥现有展品的作用,进一步促进科技馆事业的蓬勃发展。

作者梳理分析了科技馆展品相关研究文献,并对文献中关于科技馆展品分类的主要观点进行了初步评述。结合作者对国内外科技馆参观调研和实际工作体会，对科技馆展品进行了初步分类和补充分类，并对每一类展品的内容和作用进行了分析，对科技馆展品分类的历史发展、现实状况和未来拓展，进行了初步探索研究。

3.1.1　科技馆展品分类的相关研究回顾

利用中国知网（CNKI）数据库学术文献统计查询关键词"科技馆展品"，截至2023年12月底，共查到2854条文献。其中，期刊论文1568篇、博硕论文316篇、会议论文605篇、报纸156篇。在加了关键词"分类"以后检索到的文献仅有43篇，除了这43篇文献，还有一些文献在正文中也涉及了科技馆展品分类的相关内容，对科技馆展品分类都有一定的借鉴意义。现将这些文献的主要观点综述如下。

崔希栋（2006）比较早地研究了科技馆展品分类，将科技馆展品分为陈列型、版面型、演示型、互动型和科学艺术品等[33]。萧文斌（2007）基于营销学理论，将科技馆产品划分为核心产品、附加产品和衍生产品三类。核心产品包括展品、展项；附加产品包括礼品、纪念品、宣传品；衍生产品包括科教软件、科普影视作品、刊物书籍出版、科普动漫产品等[34]。李春富等（2010）对科技馆展品的展示形式进行了研究，也体现了展品的分类角度。认为国内科技馆展品主要采用静态、动态、情境、剧场4种展示形式。静态展示主要以展板、展墙、展柜、展台、模型等形式展示；动态展示主要有动态演示和互动体验2种方式；情境展示利用舞台、道具、布景等方式和手段，使观众在互动过程中获得体验感受；剧场展示主要以舞台或影院为载体，通过视觉、听觉、触觉等感官的强烈刺激，获取印象深刻的体验感受[35]。廖红（2011）认为科技馆界对科技馆展品一直没有一个完备的评定标准，也没有完全统一的概念解释。文中论述涉及了科技馆展品分类的相关内容[36]。古荒等（2012）提出了"科技馆产品"的概念并对科技馆产品进行了分类研究。认为科技馆产品是由科技馆提供（或）生产的能够满足人民群众科普及其相关需求，乃至其他的合理文化娱乐需求的产品、服务或它们的组合。在实践中，科技馆产品还有科普企业针对科技馆展教需求而专门生产的科教展品等含义。他们基于营销学与公共产品理论视角，以与科技馆科普展教功能的关联程度为依据，将科技馆产品分为核心层、外围层和相关层三类。核心层与科技馆的科普展教功能直接相关，包括科普展教、展品研发、展览设计等。其中，科普展教是科技馆活动的核心基点，几乎所有的科技馆活动及相关经营均需围绕科普展教开展；展品研发、展览设计则是衡量一个科技馆可持续发展能力与研发创新能力的重要指标。外围层与科技馆的科普展教功能间接相关，包括科普纪念品、科普玩具、科普音像制品等。外围层产品的经营可以加深受众对科技馆的良好情感，延长公众接触科学、体验科学的认知过程。相关层与科技馆的科普展教功能无明显相关，包括餐饮服务、会展服务、场地租赁、科技咨询等。相关层产品能够满足公众在科普之外的饮食、文化、娱乐等相关需求[37]。任福君等（2012）在开展科普资源调查的时候将展板、人物塑像、标本等也包含在科技馆展品内[38]。隋家忠（2013）认为科技馆展品是为实现科学教育目的而精心选择、组织、安排的科学技术内容，并通过适合观众学习的各种展示方式，向观众说明科学现象、科学原理、传播科学精神、科学思想、科学方法等内容的展览物品。文中涉及了科技馆展品分类的相关内容[39]。马超（2015）将目前应用于科技馆数字游戏类展品展示方式分为动作类、模拟类、益智类、角色扮演类、闯关类和竞技类等六类[40]。李响（2017）讨论了园囿性博物馆、自然博物馆、科技博物馆及科学中心等自然科学博物馆展示内容的相关性，从展示内容所处的领域对展品的类别划分提供了理论依据[41]。朱幼文（2017）认为科技博物馆的展品主要有三类，一是动物、植物、矿物、化石等自然标本类展品，二是机械设备、工业产品的实物或模型等工业技术类展品，三是以科学仪器、科学实验、科学考察、技术发明对象为原型的基础科学类展品[42]。范亚楠（2018）认为科技馆展品按照展示形式，大致可以分为机电互动类展品、多媒体互动类展品、静态模型类展品、实物陈列类展品、体验类展品等五类[43]。任福君等（2018）从展示内容、展示形态、观众参与方式和展品演示方式几个维度对科技馆展品进行了分类。根据展示内容，分为基础科学展品、科技历史展品、前沿科技展品、生活/自然展品。根据展示形态，分为陈列型展品、多媒体型展品、沉浸型展品。根据观众参与方式或展品演示方式，分为互动型展品、非互动展品或部分互动型展品。互动型展品包括观众动手操作/体验类展品，观众手动选择或操作多媒体展品，以及供观众利用以设计活动、程序、装置的展品等；非互动或部分互动型展品包括标本、挂图、实物、展板、模型、装置、场景和科学演示等[31]。李纪红（2019）认为一切以传播科学思想，普及科学知识的展品都可以称为科普展品。在科技馆内，受众与展品间的互动要注重培养学习者的学习能力及思维能力，受众对知识的学习只能是通过自身的意义建构完成的，科技馆展品一定是基于某种教育目的存在。对科技馆展品分类有一定的借鉴意义[44]。周荣庭等（2020）基于数字互动服务模型对在线科普展览的应用模式进行研究，在线科普展览的应用，能够打破传统科普展览的时空界限，实现线上和线下结合，将无法用物理手段在线下展示的展品进行数字化，丰富了科普展品的展示形式[45]。

综上所述,现有文献对科技馆展品分类的主要观点可以综合为四方面。一是以崔希栋为代表的关于陈列型、版面型、演示型、互动型和科学艺术品的分类。二是以朱幼文为代表的自然标本类、工业技术类、基础科学类展品的分类。三是以任福君等为代表的按展示内容、展示形态、观众参与方式和展品演示方式等维度的分类。四是以范亚楠为代表的机电互动类、多媒体互动类、静态模型类、实物陈列类、体验类展品的分类。此外,还有其他关于科技馆产品的研究中涉及相关分类内容,由于比较零散,这里不作详细综述。

现有文献主要偏重于对科技馆展品的展示形式、现代技术在科技馆展品设计中的应用、前沿科技在科技馆中的展示,以及科技馆的展示教育功能等方面的研究,对科技馆展品分类的专门研究比较少,还不能把作者在实际工作中见到的所有科技馆展品包含在内,也不能适应中国特色现代科技馆体系中各类科技馆对展品的不同分类要求。还存在分类原则、标准不够统一,分类目的不够清晰明了,分类结果不够系统全面等问题。到目前为止,还没有形成各方面都比较认可的比较权威的科技馆展品分类体系。作者认为,虽然这些分类研究还没有形成完整体系,但是对后续研究和科技馆展品的研发设计、制造安装、运行维护,以及标准制定等都有一定的指导作用。

需要说明的是,已有科技馆展品分类研究主要针对的是实体科技馆和流动科技馆。近年来,我国数字科技馆蓬勃发展,全国已初步形成了以中国数字科技馆为核心,突出专业型数字科技馆的地方特色,共建共享各级科技馆的科普传播平台系统[46]。因此,后续的科技馆展品分类可以拓展到数字科技馆、网上科技馆等进一步研究。

3.1.2 对科技馆展品分类的补充

作者也曾试图对科技馆展品进行分类研究。

一是考虑按展示内容将科技馆展品分为基础科学展品、前沿科技展品、地方特色展品和行业特色展品。基础科学展品是从数学、物理、化学、生物学、天文学、地学等基础学科的科学实验等转化来的展品。基础科学展品展示的内容主要体现为科学探索、科学原理、科学规律等。如展示电磁现象与原理、热传导、声音的透镜、横波与纵波的发生装置;运用声光电及力学原理展示的各种奇妙现象;元素周期表、身边的材料等。前沿科技展品或技术应用展示,是体现现代科技发展前沿,特别是公众关注度较高的领域的最新科技成果的展览展示。如展示信息科学与技术、智能机械及机器人技术,新能源、新材料、转基因等技术,航空航天技术,生命科学、宇宙科学、地球科学、海洋科学、环境科学、气候变化、智慧生活,以及交通运输工具的进步及其发展等。地方特色展品展示要结合本地自然生态、气候气象、地方产业、人文和社会资源等,展示与本地公众生产生活联系紧密、广泛关注的科技内容。例如四川省科技馆展品中的古代水利工程都江堰模型、现代水利工程二滩水电站模型、九寨沟黄龙地址模型、自贡古代井盐钻探技术模型等,川味十足的"芙蓉小姐"和"川剧变脸机器人"展品。这些科普展品巧妙地凸显了地方特色元素,也使观众从中领略到了科技文明的魅力[31]。行业特色展品展示要结合行业特点和公众需求,展示最能体现行业发展特色的科技历史、现状与未来,展示与公众生产生活联系紧密、广泛关注的科技内容。例如,英国政府于1975年在约克火车站原址建设的约克郡铁道博物馆,已成为具有鲜明特色又深受公众喜爱的行业博物馆。大厅里展示的主要是英国及世界各类机车的收藏;不同的主题展厅里收藏了铁路运行系统应有的全部物件:信号灯、手旗、列车上的灯具、座椅、标识徽章、标志服装、工作人员用过的哨子、各式各样的车票等。特别是在展示的各类实物中,都尽可能地讲述着一些感人的历史故事,如详细讲述了丘吉尔首相在第二次世界大战期间多次乘坐火车往返前线的故事,丘吉尔首相乘坐的这辆被命名为"英雄列车"的火车也陈列在这个博物馆里[47]。

二是考虑按展示形式或手段将科技馆展品分为静态展品、动态展品和多媒体展品。静态展品按照展品的具体呈现形式包括展板、挂图、标本、实物、模型、装置、科学演示,以及人为设计的某种具体场景等,是最基础的展品形式。公众通过观看和观察展品获得相关信息,进而获得其中所承载的科学技术知识。静态展品传播的信息类型主要是知识性信息,公众只能观察认识,基本不能互动,对公众的吸引力不够。动态展品也可称作互动体验类展品,是通过互动、体验及动手操作的传播方式,使公众获得展品所蕴含的科学原理、科学知识、科学思维和科学方法等,更强调的是增加观众的感受和体验。互动和体验项目包括从简单到复杂的各种类型。有些可能只是演示性的小型项目,例如由科技馆人员现场进行的科学演示。有些重在"体验"本身,例如反映云、雨、川、海循环的体验项目;利用模拟装置让公众体验地震发生场景的地震模拟项目;模拟龙卷风、极寒天气,以及天文观测场所等。有些是允许公众动手操作的实验项目,让公众通过动手操作获得体验,例如模拟飞机飞行的项目。还有一些展品,是提供给公众利用,以完成某方面设计和实验活动。例如,在巴黎发现宫里,经过改造后的物理学、化学、生命科学、地球科学等几大主题展厅最引人注目的是,在每个主题展厅里都有1—2个全开放式的现场试验演示平台,提供必要的设备、模型、工具、材料等,也有教师引导,让公众参与各类活动的实际操作和体验,让孩子们学习科学工作者探索和发现科学奥秘的思想和方法[47]。科技场馆一般都会展出一些演示科学原理、科学定律的基础科学类互动展品,这些展品是立体的科学教材,同时重视引导公众的参与和体验。这是科技场馆的展品与游乐场的游乐设备之间的区别。多媒体展品是根据多媒体技术,通过视频、动画、音效,以及虚拟现实(VR)、增强现实(AR)等手段,从不同维度挖掘展品所蕴含的科学原理、科学知识、科学方法等,实现普通展示手段难以做到的动态展示形式和过程。例如虚拟翻书、幻影成像、互动沙盘、多媒体故事墙等。多媒体展示是科普场馆展览的重要表现形式,多媒体展示方式可以增强展览内容的表现力,给公众带来更强的视觉和感觉的冲击,观众通过手动选择或操作多媒体展品,可以强化展览信息的传播和交流,提高公众探索的兴趣。我们在科技馆里不难看到,有些展项或展区,排队参观的人员较多,已经体验了该展品的公众仍对它意犹未尽,表明观众对该类展品的好奇心和体验的兴趣更为强烈。

在研究过程中发现,已有的任何一种分类都不够完善,各类之间存在交叉,例如有些基础科学展品和前沿科技展品在某种意义上很难严格区分,地方特色展品和行业特色展品也是含有基础科学与前沿科技的内容。静态和动态也是相对的,比如模型、展板、装置等既有静态的,也有动态的;而动态展品往往通过多媒体来演示,采用多媒体技术向公众展播。因此,有一些展品可以称之为综合性的科普展品,比如有些展品既含有基础科学原理,也包括前沿技术的应用,同时还体现地方或行业特色。科技馆在展示内容及展示形式设计时,应更注重发挥这类综合性的科普展品的科学传播作用。

总体上说,作者开展的一些研究还没有真正突破专家学者已经开展的研究界限,初步的研究成果也没有能够超出前人研究成果的基本范围。因此,作者试图在原有研究工作的基础上,本着"传承中发展、发展中创新"的思路,以问题、目标和需求为导向,对已有分类没有涉及的方面做一些进一步的分析和研究,尝试扩展补充一些科技馆展品的分类方式,丰富分类成果,希望为进一步开展相关研究提供参考,为更好地发挥展品的科学传播作用,开发出更加有效且实用的科技馆展品提供参考,也为中国特色现代科技馆体系进一步发展提供参考。

1)从科技馆体系维度分类

按科技馆体系维度,可以将科技馆展品分为实体科技馆展品、流动科技馆展品、科普大篷车展品、网络科技馆展品和基层公共科普设施展品等,主要目的是为策划、设计、制造出更加适用于各类科技馆的展品。

实体科技馆展品。目前已经开展的科技馆展品分类研究基本上都是围绕实体科技馆展开的,涉及其他类型科技馆的内容不多。

流动科技馆展品。流动科技馆主要服务于未建科技馆的市/县的城镇居民。

科技馆免费开放的实践探索

流动科技馆展品属于巡展的范畴，经常会在室内外轮换展出，目标人群没有限定，所有在辐射范围内的市/县的城镇居民都是服务对象，展品面向的受众对象比较复杂，展品应更具有普适性、可靠性和坚固耐用性。

科普大篷车展品。科普大篷车主要服务于广大乡镇居民，目前已经形成国家、省（直辖市、自治区）、市、县的科普大篷车服务网络体系。科普大篷车展品一般和科普大篷车的类型相匹配，往往是针对某款科普大篷车的具体条件参照实体科技馆展品开发的，具有小型化、系列化、坚固耐用、互动性强等特点。

网络科技馆展品。网络科技馆主要包括数字科技馆和科技馆科普网站，前者主要面向全国网民服务，后者主要面向所在城市及周边城乡居民服务。例如，中国数字科技馆已经形成向公众提供个人计算机端在线浏览、资源下载、虚拟漫游、游戏体验等服务，提供移动端的无线应用协议版网站、客户端、手机报、微博、微信等平台服务，展品形式多样、内容十分丰富。在数字科技馆展品中广泛应用多媒体技术，主要有音频技术、影像技术、多媒体场景合成技术、多媒体触摸屏技术及多媒体网络技术等，它们共同搭建了面向参观者的展示媒体技术平台，包括展览内容诠释，图片、影视、音响、文字数据处理，互动体验设计，触摸屏信息传播等。在展示中合理巧妙地运用多媒体技术，往往能起到事半功倍、画龙点睛的功效[48]。目前，我国的大部分科技馆都建设了科普网站。这些科普网站除了介绍科技馆地址、行车路线、馆展信息、购票方式等基本信息，也尽可能地介绍科技馆的主要展品尤其是特色展品，如一些科技馆在网站主页为常设展览和临时展览设立专门的栏目，将其常设展品和特色展品在网页上呈现和说明。

基层公共科普设施展品。基层公共科普设施主要包括农村中学科技馆、青少年科学工作室和社区科普活动室等。其中，农村中学科技馆主要服务农村中学师生和周边居民，青少年科学工作室主要服务能够辐射到的青少年，社区科普活动室主要服务社区居民。这些基层公共科普设施也需要大量的科普展品，所用展品各具特点同时又有公共性。其中，农村中学科技馆展品已成基本统一的体系，各地青少年科学工作室展品也在一定程度上突出自己的特色和优势，社区科普活动室展品往往具有区域科普特色。

2）从受众维度分类

按受众维度，可以将科技馆展品分为主要面向儿童的展品、主要面向青少年的展品，以及主要面向成人的展品等。

主要面向儿童的展品。这类展品主要服务于儿童（含小学低年级学生），例如，各科技馆儿童乐园或者儿童展区的展品。这类展品具体设计时要考虑儿童的知识层次差异，要研究如何通过儿童易于接受的言语、色彩、形体、音响、图像等，让孩子们理解、体验与表达展品所蕴含的比较浅显的科学内容，引发孩子们对一些事物形态、意义，以及简单的科学知识和原理的初步理解。这类展品要特别注重互动性，尽可能地把展品做成有科学内涵的玩具，吸引孩子们的好奇心，让他们在玩中学、做中学，促进他们对简单事物的理解，培养孩子们对科学的兴趣。

主要面向青少年的展品。前面提到的科技馆体系涉及的各类科技馆展品除了主要面向儿童的展品，基本都能服务于广大青少年观众。互动性强的科技馆展品是青少年的最爱，网络科技馆展品也很受广大青少年青睐。

主要面向成人的展品。现实中，几乎所有的各类科技馆展品都可以服务成年人，这也包括儿童乐园或儿童展区的展品，因为几乎每个到科技馆的孩子都是有大人陪伴的，大人们不仅是陪伴者，也自然成了展品的参观者甚至体验者。

3）从安全性要求维度分类

一些科技馆展品有安全方面的特殊要求，按照展品的安全属性，可以将科技馆展品分为安全性要求高的展品、安全性要求一般的展品和安全性要求较低的展品。

安全性要求高的展品一般包括互动性强的展品、与高温高压和易腐蚀相关联的展品等，如互动性很强的机电驱动的展品或者靠参观者自身拉动的体验类展品。这类展品的安全保障十分重要，在研制和展示中要务必考虑到这类展品的安全性是第一要素。

安全性要求一般的展品大都是非互动性或部分互动性的展品，如VA、AR展品，这类展品一般不会有较大的安全隐患，只要说明清晰，对观众提醒到位，一般不会出现安全问题。

安全性要求较低的展品主要包括各类静态的非互动展品，不会给参观者带来安全问题。如静态展板、挂图、标本、实物、模型、装置、科学演示，以及人为设计的某种具体场景等形式，观众通过观看和观察展品获得相关信息，进而获得其中所承载的科学技术知识等，一般不会造成安全问题。

4）从标准化维度分类

按照标准化程度，可以将科技馆展品分为标准化展品和非标准化展品。

标准化展品是指符合国家或者行业相关标准的科技馆展品。2017年，我国成立了全国科普服务标准化技术委员会，专门组织制定科普服务相关标准。在该委员会的推动下，将开展体系化、规范化、制度化的包括科技馆展品在内的科普产品服务标准的研究制定工作。不久的将来，越来越多的标准化科技馆展品将会出现在各类科技馆中[49]。

非标准化展品是指不符合国家或者行业相关标准的科技馆展品。目前，由于我国科技馆展品标准制定工作还相对滞后，大部分科技馆展品都属于非标准化展品，希望随着国家推动科普服务标准化力度的不断加大，使这种局面能得到明显缓解。

除了上述维度，还可以从其他角度对科技馆展品进行分类。例如，从场所（观众—展品—时空环境）维度，可以将科技馆展品分为室内使用的展品和室外使用的展品；从自主开发程度的维度，可以将科技馆展品分成国内自行研发制造的展品和国外引进的展品；按照数字化程度可以分为数字化展品、非数字化展品；按照展品功能实现的形式及智能化程度分为 VR 展品、AR 展品、物联网展品，以及远程互动类展品，等等。此外，在科技馆展品分类研究中，还应该考虑遵守科普道德伦理等方面的要求。

3.1.3 分析与讨论

目前，科技馆展品分类并没有规划、标准等文件中的权威界定，仍然处于百家争鸣阶段。建议对科技馆展品分类问题的进一步研究和讨论可以围绕以下三方面展开。

1）坚持需求导向

为什么要研究科技馆展品分类问题？从需求导向出发，科技馆展品的分类应主要满足以下四方面的需求。

一是科技馆创新发展及展品创新发展的需求。新时代科技馆创新发展必定需要以展品为核心的科技馆科普资源建设的支撑。科技馆展品创新发展主要表现在科技馆展品的知识创新、文化创新和服务创新等需求方面，产生了科技馆展品分类的内生动力。

二是科技馆体系建设的需求。新时代中国特色科技馆体系的蓬勃发展需要大量形式多样、品种繁多而且适用于各类科技馆的展品。

三是"一带一路"倡议下的科技馆展品走出国门的需求。什么类型的科技馆展品适合走出国门，在"一带一路"国家能够生根落地、遍地开花？这是值得研究的问题。

四是科普产业发展的需求。科技馆展品发展促进了科普产业发展，科普产业发展需要什么类型的科技馆展品同样有必要研究和探讨。

2）坚持问题导向

以问题为导向，梳理分析已有科技馆展品分类存在的问题，研究对策。

一是国内学者和一线专业人员对科技馆展品分类成果的集聚与凝练。可以进一步发挥专家学者们的优势,对他们前期科技馆展品分类研究工作再继续、对研究成果再丰富,为形成科技馆展品分类体系再立新功。

二是国外成功经验的借鉴。他山之石可以攻玉,徐善衍教授在考察研究诸多国外科技馆之后,在其著作《域外博物馆印象》中多处都有对国外科技馆展品的介绍和描述,为国内科技馆展品分类和发展提供了借鉴和指导,对我们进一步的研究有所启发和帮助[46]。

三是博物馆展品分类研究已经取得了比较丰富的经验,为研究科技馆展品分类问题可以提供理论和方法的指导。

3)坚持目标导向

以目标为导向,分析谋划科技馆展品分类研究的发展方向,促进科技馆实力的有效提升。

一是进一步分析研究国外一些科技馆的成功经验,如旧金山探索馆、日本未来馆等展品分类的做法和经验。

二是寻找理论依据,在理论指导下开展分类研究实践,虽然目前科普尚无独立学科可以依托,但是坚实的博物馆学理论基础可以在一定程度上支撑科技馆展品分类研究,还有分类学、类型学等也可以在一定程度上借鉴。

三是拟原则、把方向,应该继续坚持"传承中发展、发展中创新"的原则,在充分依托现有研究的基础上再创新、再拓展。

总之,科技馆展品的分类,有利于进一步促进科技馆展品的研发、创新、布展、管理和运维;有利于中国的科技馆展品走出国门,与国际接轨,特别是为"一带一路"倡议的实施做贡献;有利于科技馆展品研发管理队伍和科普企业专业人才队伍建设;有利于形成科技馆展品创新发展的新理念;有利于科技馆体系发展;有利于科技馆整体实力的提升;也有利于促进科普产业的发展。

本部分以问题、目标和需求为导向,对科技馆展品的分类研究做了一些尝试和探讨,目的是提出观点,引起讨论,为支撑科技馆事业发展提供建议和参考,特别是为免费开放科技馆展品建设提供帮助。

3.2 我国科技馆机器人科普展品应用现状调查研究

机器人是一种融合多项高科技的尖端产品,是能够感知、思考及行动的机器装置。机器人的研发、制造、应用是衡量一个国家科技创新和高端制造业水平的重要标志,也是一个国家高科技竞争能力的重要标志。2014年6月9日,习近平总书记在两院院士大会上指出:"机器人是制造业皇冠顶端的明珠。"对机器人的重要作用给予了里程碑式的肯定。特别是在当前百年未有之大变局下，高质、高速、高效发展我国机器人产业，已经成为引领我国制造业创新发展，突破"卡脖子"技术难题的重要方向。

习近平总书记2016年5月30日在"科技三会"上指出："科技创新、科学普及是实现创新发展的两翼，要把科学普及放在与科技创新同等重要的位置。没有全民科学素质普遍提高，就难以建立起宏大的高素质创新大军，难以实现科技成果快速转化。"这一重要指示精神是新发展阶段科普和科学素质建设高质量发展的根本遵循。科普是机器人等先进技术推广的重要环节，也是不可忽视的全社会科技教育形式，通过采用公众易于理解、接受和参与的方式，弘扬科学精神、传播科学思想、倡导科学方法、普及科学知识，推广科学技术应用。通过机器人科普展品展示展览等科普方式，让广大公众了解机器人的相关知识，了解我国机器人技术的发展现状，以及我国科学家和工程师在突破机器人科学问题，自主研发机器人技术中的爱国、创新、求实、奉献、协同、育人为内核的科学家精神，也是获得全民支持我国机器人产业高质量发展的重要途径，对推动机器人技术的发展，培养机器人领域的科技人才，都具有重要的意义。

展品是科技馆的灵魂，是科技馆展览的关键内容，是科技馆实施展览教育的主要载体，是开展科学传播活动的基础和依托，是科技馆活力之所在，也是展示目的和任务的具体体现。在科学传播事业蓬勃发展的今天，科技场馆作为一个非正式科学教育的重要场所，尽可能发挥展品的科学传播教育功能显得尤为重要。机器人展品在机器人科普中至关重要，没有机器人科普展品，机器人科普就成为无水之源、无本之木。因此，对我国科技馆机器人科普展品的实际展出和应用情况、展品类别、发展状况等进行调查研究，挖掘可推广、可复制的典型经验，查找分析机器人科普展品发展中存在的问题及成因，提出促进我国科技馆机器人科普展品发展的意见建议，对更加有效地开展机器人科普很有必要，也很重要。《全民科学素质行动规划纲要（2021—2035年）》[30]提出："创新现代科技馆体系。推动科技馆与博物馆、文化馆等融合共享，构建服务科学文化素质提升的现代科技馆体系。加强实体科技馆建设，开展科普展教品创新研发，打造科学家精神教育基地、前沿科技体验基地、公共安全健康教育基地和科学教育资源汇集平台，提升科技馆服务功能。"同时，对包括科技馆展品在内的科普展教品创新研发作为一项非常重要的基础性研究工作，提出了明确的要求。从落实这一要求，丰富科普展品资源，促进现代科技馆体系建设角度看，也十分迫切需要了解我国机器人科普展品尤其是科技馆机器人科普展品的发展现状。

因此，作者在科技馆展品分类研究的基础上，主要开展了几方面的调查研究工作。一是梳理了国内外机器人科普展品的研究现状和应用现状,分析国内外科技馆机器人科普展品的理论研究和应用情况。二是对我国科技馆、特别是免费开放的科技馆机器人展品展项相关内容进行了系统的调查和分析研究,通过调查研究,明确现状,发现问题,查找原因。三是在国内外研究现状分析和调查研究分析的基础上,开展了科技馆机器人科普展品的相关理论探索,包括科普展品、机器人科普展品的定义;科普展品、机器人科普展品的分类等。四是分析研究我国机器人科普展品在科技馆等科普场所的应用前景和发展趋势,并以问题导向、目标导向、需求导向为引领,提出未来促进我国机器人科普展品发展、丰富科普展品资源的意见建议。为相关部门和地方政府落实《全民科学素质行动规划纲要(2021—2035年)》,丰富科普展品资源,创新当代科技馆展示主题及展品展示形式,推动现代科技馆体系建设,促进公众科学素质提升提供一定的决策参考。

3.2.1 国内外研究现状

1)国外关于机器人科普展品的研究

国外学者对机器人科普展品展项研究的关注点可以归结为博物馆、科技馆等科普场馆机器人展品展项应用视角的研究、研发视角的研究,以及活动视角的研究等方面。

(1)展品展项应用视角的研究

比较常见的研究是机器人(引导机器人、导游机器人、聊天机器人、社交机器人等)在科技馆、博物馆等科普场馆的应用。他们采用科技馆、博物馆实地研究、实验等方法,了解机器人的应用场景、参观者的反应、参观者与机器人的互动、互动的时间以及再次与它互动的意愿,评估机器人建立关系的能力。为未来的工作提供建议,提高机器人的可行性,开发工作的语音、互动等能力,以便在科技馆、博物馆等科普场馆进行更好的应用。

纽文惠森(M. Nieuwenhuisen)、加斯帕(J. Gaspers)(2010)[50]介绍了一个拟人化的通信机器人Robotinho,它的多模态对话系统结合了肢体语言,手势,面部表情和语音。文章描述了该机器人在博物馆导游场景中用于与没有经验的用户交互的行为,机器人可以在展品上与参观者互动,而且在导航到下一个展览时也与参观者互动。他们在科学博物馆中评估了该系统,并报告了用户的定量和定性反馈。

大山(T. Oyama)、吉田(E. Yoshida)、小林(Y. Kobayashi)、久野(Y. Kuno)(2013)[51]提出了一种机器人系统,可以带领游客在博物馆的导游带领下参观,可以同时跟踪机器人和游客的位置和方向,并进行了实验和演示检验,以确认系统的有效性和准确性。

郑丰庆（F. C. Zheng）、王子奥（Z. Y. Wang）、陈建志（J. J. Chen）（2018）[52]研究设计了一种集成了图像和手势识别技术的自动博物馆机器人指南，以提高导游质量。机器人能够引导游客按照预先计划的路线参观艺术品。结合关于每件艺术品的声乐服务，机器人可以向游客传达艺术品的详细描述。

杜切托（F. D. Duchetto）、巴克斯（P. Baxter）、汉海德（M. Hanheide）（2019）[53]介绍了"Lindsey"导游机器人系统，该机器人目前部署在一个展示当地考古学成果的博物馆，在那里它为游客提供导游和信息。机器人每天自主运行，在博物馆周围导航并与公众互动。试图在其中提高当前最先进的机器人技术的社交能力。在长达7个月的部署中，它已经行驶了近300千米，并提供了2300多个导游服务。

维伦扎（A.M. Velentza）、海因克（D. Heinke）、怀亚特（J. Wyatt）（2019）[54]的论文认为，未来几年导游机器人将广泛应用于博物馆和展览。文中介绍了两个协作导游机器人，研究并通过现实世界的实验结果表明，机器人的个性会影响人类的学习过程，当人们被一个快乐的机器人引导时，他们记住的信息比他们的向导是一个严肃的机器人时要多得多；研究的另一个重要结果是，访问者往往更喜欢协作机器人。研究结果表明，一个快乐的机器人更适合学习目的，而两个机器人更适合娱乐目的。

伊奥（T. Iio）、佐竹（S. Satake）、神田（T. Kanda）等（2020）[55]介绍了一种为科学博物馆开发的类似人类的自主引导机器人。它可以识别个人、判断参观者正在观看的展品，并主动接近他们，提供解释。机器人还执行诸如用访客的名字问候访客并向回头客表达更友好的态度等关系建立行为。他们在一个科学博物馆进行了实地研究，系统基本上是自主运行的，参观者的反应非常积极，首次参观者平均与机器人互动时间约9分钟，94.74%的人表示希望将来再次与它互动。回头客注意到了它建立关系的能力，并感觉到与它的关系更密切。

戈什（S. Ghosh）、罗伊（A. Roy）、萨哈（S. Saha）（2021）[56]认为，人工智能是科学界讨论最多的技术词汇之一，虽然它还没有达到大众，但为了让公众感受人工智能的味道，特地利用这项技术的优点来传达科学。文中介绍了为博物馆开发的一种虚拟人形聊天机器人，该机器人能够通过与参观者的互动来操作和解释物理展品。这个机器人可以取代博物馆指南，向参观者解释不同的展品。

普利亚萨（S.Pliasa）、韦伦扎（A.M. Velentza）、迪米特里乌（A.G.Dimitriou）、法昌蒂迪斯（N.Fachantidis）（2021）[57]介绍了一种支持RFID的社交机器人，该机器人可以通过口头、视觉、触摸，以及RFID技术与科技馆、博物馆内的参观者和展品进行互动。论文介绍了机器人的功能和一些代表性的应用场景。

加斯泰格（N. Gasteiger）、赫洛（Hellou M.）、安（H. S. Ahn）（2021）[58]认为

社交机器人越来越多地用于公共场所,论文研究了在博物馆环境中社交机器人的使用问题。他们研究了机器人的可接受性以及成功实现人机交互的重要因素,研究实验表明:在75%的情况下,机器人的目的是充当博物馆导向;在17%的情况下,他们招待游客;在8%的情况下,机器人在博物馆外展计划中教游客。成功的社交人机交互的三个主要主题在研究结果中显而易见:面部表情、运动、沟通和言语。社交机器人有很大的机会部署在博物馆中,作为导游、教育工作者、演艺人员或它们的组合。先进的技术和方法促进了博物馆机器人的发展,使这些机器人更有能力进行社交互动,当然还需要更多的工作来开发其语音能力,以改善人机交互。

(2)展品展项研发视角的研究

从研发角度出发,研究和探索适用于科技馆和博物馆等的机器人展品。

久野(Y. Kuno)等(2007)[59]、汐见(M.Shiomi)等(2007)[60]等通过非语言行为展示人机交互,采用实验性的社会学方法评估人机交互,开发机器人系统,实现与游客进行更复杂的互动。尹(J. Yoon)等(2011)[61]他们提出了一个机器人博物馆设想,制订了将机器人作为博物馆藏品的分类方案,描述了机器人的类型。提出了"ROSIEUM"的关键思想和场景以及设计和实施,为科技馆、博物馆机器人展品的研发提供了参考。沃雅齐斯(Vogiatzis)等(2011)[62]借助自然语言的形式、以对话会话的形式展示人机交互;通过机器人描述展品、向参观者推荐可能感兴趣的展品,同时向访客解释其原因,提高透明度,从而使参观者信任机器人的建议。此外,机器人将参观者引导到所需展览的位置。本文介绍了实现这种认知模型的对话系统的初始实现。

随着技术的逐步普及,科技馆、博物馆中机器人的范式和数量正在稳步增加。20世纪末以来,学界一直在研究博物馆、科技馆交互式导游机器人(社交机器人)。作为导游的机器人,旨在正确感知和理解人类的自然行为,并以人类熟悉使用的各种方式行事。如通过非语言行为展示人机交互,实现与游客的复杂互动;通过机器人描述展品、推荐参观者可能感兴趣的展品、引导参观者参观;通过自然语言的形式、以对话会话的形式展示机器人与参观者进行语音互动等。

大山(T.Ohyama)等(2012)[63]开发了一种视觉系统,使机器人能够通过监控访客从启动前期到随后暂停的反应来选择合适的访客。结果表明,这种提问策略在人机交互中有效。在这个实验中,机器人先提出了一个相当简单的问题,然后是一个更具挑战性的问题。根据参与者的回答和行为索引参与者的知识状态,可以利用它来开发一个系统,通过该系统,机器人可以通过计算识别选择合适的候选人。安(H.S.Ahn)等(2013)[64]介绍了一种名为EveR-4E的类人叙述者机器人系统。EveR-4E是一个具有类似人类外观的机器人平台,能通过面部表情和手势解释展览。它可以通过由人类向导操纵的远程系统进行控制,曾在 2012 年韩国丽水世博会的机器人展厅介绍机器人。迪亚斯(M. Díaz)等(2014)[65]为了观察社交人机交互的空间关系,在巴塞罗那的宇宙盒(Cosmo Caixa)科学博物馆内进行了实地试验。所研究的"跟随我"情节表明,导游和游客一起行走形成的空间配置并不总是符合机器人的社交能力和导航要求,因此额外的沟通提示被认为可以有效地调节一起行走并跟随我的行为。帕特拉基(M. Pateraki)等(2017)[66]介绍了最近的技术进步为在公共场所呈现信息和与访客互动提供了新的方式,以及使参观者沉浸在虚拟世界中或显示展出物品的花哨 3D 表示。移动机器人为上述技术提供了一种有吸引力的替代方案,对这类机器人来说,类似人类的交互性是其功能的重要组成部分,旨在正确感知和理解人类的自然行为,并以人类熟悉的方式使用各种方式行事。文章还介绍了如何开发具有高级导航功能的机器人,以及用于人机交互的基于视觉的跟踪技术及个性化设计。阿莱格拉(D. Allegra)等(2018)[67]的论文介绍了一个名为库马(Cuma)的机器人博物馆指南应用程序的软件架构。它在佩珀(Pepper)机器人平台上运行,目的是引导博物馆的游客参观,解释博物馆展品,并与他们互动以收集反馈。Cuma 已经部分实施并进行了初步测试。穆罕默德·阿布·尤素夫(Mohammad Abu Yousuf)等(2019)[68]研究并开发了一种移动博物馆指南(MG)机器人,该机器人应该具备在各种情况下创建和控制空间形成的能力,以启动与访客的互动;该机器人必须能够识别感兴趣的旁观者,并邀请他们参加正在进行的解释工作;该机器人必须能够做到同时继续以连贯的方式解释多个展品。他们开发设计了一个能够满足这些需求的移动机器人系统,能够在引导多个访客的同时创建和控制空间形成。并通过在一系列实验中评估了该机器人系统。

近年来学界采用实验法、案例研究法等方法,研究和开发适用于科技馆、博物馆等公共教育环境中的交互式机器人和服务机器人,帮助参观者更好地学习和体验。这些研究,为开发用于科技馆、博物馆参观和互动教育机器人展品的研究提供了参考依据。

庞惠清(Wee-Ching Pang)等(2017)[69]介绍在博物馆环境中探索社交机器人的使用,用于指导旅游以及学习传统语言和文化。重点介绍了为遗产博物馆设计和开发的两个社交机器人。第一个机器人是安装在移动机器人平台上的虚拟人类角色,它已被实施为博物馆指南。第二个机器人是人形机器人,它为双语编程,注入了文化学习和教育的元素,目标主要是开发机器人以及机器人和虚拟现实应用,并在遗产博物馆中探索这些技术的可用性,评估了将该机器人用于幼儿文化教育的可行性。根据部署和实施经验,为未来的工作提供了建议,以提高机器人的可行性,以便在公共博物馆进行更详细的部署和实施。胡书阳(Shuyang Hu)等(2020)[70]

采用案例研究方法，通过机器人与参观者的语音互动，进行用户体验的初步查询，用于教育和社会认知中关于人工智能的初步研究。这项研究使用的是基于人形机器人开发的第一台博物馆机器人。这台机器人可以说双语：英语和威尔士语。该机器人可以指导和教育参观者，解释展品并基于更高水平的机器人技术平台进行调查；该机器人可以与参观者进行语音互动，通过机器人程序提供查询和推广服务；易于在功能上进行扩展，即二次开发，开发用于博物馆参观和互动教育的自主人形机器人。

（3）活动视角的研究

机器人技术的进步使交互式机器人能够利用类似人类的社交行为在博物馆等公共场所与人互动，开展各类教育活动，探索和实现人的高度参与。学者们通过实验或案例进行实证分析，探讨学生与机器人的互动，研究教育活动的途径，让人们特别是学生参与科技馆、博物馆中寓教于乐的应用设计，探索和实现人的高度参与，并从实践的角度提出未来发展的建议。活动视角的研究比应用视角的研究和研发视角的研究相对少些。

波利舒克（A. Polishuk）等（2012）[71]探讨了如何通过学生与动画机器人的互动来研究学习，如同在科学博物馆的机器人剧院表演的那样。

拉希德（M.G. Rashed）（2015）[72]介绍了一种引导机器人系统，该系统可以观察人们在博物馆场景中对绘画的兴趣和意图，并在需要时使用引导机器人主动为他们提供指导，解释有关他/她感兴趣的绘画的细节。我们通过试验Robovie-R3作为博物馆引导机器人来证明引导机器人系统的可行性。最后，我们测试了系统以验证其有效性。

黄（C. M. Huang）等（2014）[73]、格利（R. Gehle）等（2017）[74]探讨了交互式机器人如何在博物馆场景中以非语言方式表达各种友好行为，机器人如何确定与游客打开交互的适当时刻等。机器人技术的进步使交互式机器人能够利用类似人类的社交行为在博物馆等公共场所与人互动。人类根据与他人的关系而有不同的行为，行为变化比如从中性到友好，有助于人际关系的发展。研究结果表明，人们感知到设计机器人行为的差异，并将这些差异与机器人的友好程度不同程度地联系起来。这项工作对于交互式机器人设计友好行为具有重要意义。

孙祥（X. Sun）等（2019）[75]认为具有解释性功能的引导机器人的开发一直是人们关注的主题。以公众农业知识学习为目的，设计了一个智能互动机器人系统，为参加展览的青年人和成人两个年龄段的人设计了两个互动模块。反馈结果显示，机器人系统帮助参观者学习了更多的农业知识。

德尔·瓦基奥（E. Del Vacchio）等（2020）[76]通过对多个案例进行实证分析，

研究了如何将社交机器人用作一种新工具，让学生参与博物馆中新的寓教于乐应用的设计。从实践的角度来看，管理者应鼓励在寓教于乐的博物馆计划中设置社交机器人，关注年轻公众的参与和新娱乐形式，以便在涉及新年龄组方面实现更高的效率和更好的结果。

刘（L. Liu）等（2022）[77]提出了一项使用水下机器人（UR）让儿童探索工程、机器人组装、环境科学和海洋可持续性发展的研究，以实验的方式研究了儿童如何通过玩模块化UR制作工具包和创建自己的UR来学习浮力和平衡等UR概念，激发儿童对水环境的兴趣，并通过创建自己的UR与机器人技术建立联系。

2）国内关于机器人科普展品的研究

机器人展品是科技馆展品的重要组成部分，是近些年来出现的、深受观众喜爱和关注的一类科普展品。国内学者对科技馆机器人科普展品的研究不多。尽管学者们开展的科普展品分类研究为机器人展品的分类奠定了一定的理论基础，但学者们对机器人展品以及机器人展品在科普中应用的研究较多，有关机器人科普展品的分类研究目前还基本是空白。主要研究维度如下。

（1）机器人展品在科普中应用的研究

机器人展品在科普中的应用是近年来学者和科技馆相关工作者关注比较多的一个课题。通过机器人展品，展示机器人技术、展示科技魅力。

齐欣（2012）[78]、田洪娜等（2012）[79]分析了推动机器人科普教育的重要意义、机器人科普教育的形式，介绍了科技馆中常见的智能机器人，分析了科技馆中智能机器人特点，阐述了作为科技馆中的科普展品，智能机器人在科普中的应用，以及机器人展品在科普教育中的远景展望。

部分学者以某类机器人展品为案例，分析了在科技馆中展出的形式及其发展变化、在科普中的重要应用价值，以及科技馆机器人展品的发展趋势。

赵姝颖等（2012）[80]描述了乐高解魔方机器人的搭建思路、关键技术和一套相关的完整的科普展示系统，给出了几种乐高机器人在实际科普展品中的应用案例，展现了乐高可重构机器人在科普中的重要应用价值。

张娜等（2015）[81]分析了人形机器人在科技馆中展出形式的发展变化，可划分为功能性动作展示、智能化人机互动、模拟人类情感表情和机器人剧场等阶段。结合各阶段中人形机器人在科技馆中的展示形式进行了梳理，以代表性展项为例，分析人形机器人在科技馆环境中的科普展示。

周一睁等（2017）[82]以武汉科技馆售货机器人为例，介绍了售货机器人的实用性、功能性及操作流程，分析了机器人展品走近生活的特点，以及走近生活的科技馆机器人展品的发展趋势。

寇鑫楠（2018）[83]以科学列车"机器人的感觉器官"为例，讨论在科普场馆中如何利用自身资源开发基于展品的探究式教育活动，研究此类活动的设计模式，并思考打造自主科普品牌的问题。

王文平等（2020）[84]提出了通过智能机器人技术与轨道交通展览会的有机结合，开发智能化轨道交通展厅的总体设计思路。希望更好地体现展品的技术先进性，提升客户的体验感受和兴趣。

（2）科技馆机器人科普展品应用设计研究

从应用角度，探讨科技馆机器人科普展品研发和实践运用等。

金永春（2014）[85]总结了智能机器人展品的特点，探讨了发展趋势。

马亮等（2017）[86]、张鑫等（2020）[87]、任烨（2021）[88]研究探索了地震科普机器人的研发与功能实现等问题。

音袁等（2019）[89]、李岩等（2020）[90]分别以冰球机器人和多足机器人为例，探讨了相关技术在科技馆展品设计研发中的运用，为科技馆同类展品设计创新提供一定的参考和借鉴作用。

孙帆（2018）[91]通过对国内外50多家大型科技场馆的问卷调查统计，了解到80%以上的观众对机器人技术充满期待和兴趣，特别是机器人的高精度、灵活性技术，机器人平衡技术，仿生机器人技术，拟人型机器人等受到广大观众的关注。科技馆中机器人展品很缺乏，仅在少数科技馆中有部分工业机器人、小型舞蹈机器人展品，难以满足公众日益增长的对机器人技术的探索需求。论文还研究探索了机器人展品研发应遵循的普遍规律。

项开鹏等（2020）[92]基于技术接受模型，探究影响数字化科普展品用户行为意向的因素，结合产品创新度和用户体验，构建数字化科普展品用户的行为意向理论模型，探讨产品创新度、感知有用、感知易用、用户体验与行为意向的影响关系，为数字化科普展品的设计创新研究提供了一定的参考。

刘永斌等（2021）[93]研究认为，目前科技馆现有的机器人科普展品比较缺乏、表现形式落后、缺乏互动性和创新性，难以满足公众日益增长的对机器人技术的探索需求。介绍了该公司研究开发的智能娱教机器人系列展品，用于科技馆等科普展馆的科普展览教育的情况。

（3）机器人科普活动的研究

以机器人展品以及相关软硬件为工具，开展科普活动研究，为机器人科普教育的长远发展创造条件。

部分学者以青少年为研究对象，探讨适合青少年机器人科普活动的方式，以及馆校结合科普育人的模式，为青少年机器人科普教育提供了有价值的尝试。

傅泽禄等（2014）[94]设计并实现了一款适合青少年编程学习的系统，适用于机器人科普教育活动。该软件系统利用一款双足移动的机器人作为测试工具，已在广东科学中心机器人实验室中投入使用，为青少年机器人科普教育提供了有价值的尝试。杨嘉樑（2017）[95]在对设计型学习的理论研究基础上，结合青少年机器人科普活动的特点，开发实施机器人系列科普活动，在浙江省科技馆开展了机器人科普活动。在整个活动中，学生实现了从码农到创客、从课堂到生活、从知识到智慧的进步。侯的平等（2020）[96]以广东科学中心创意机器人创新实践教育为例，探讨了馆校结合科普育人创新模式。

赵姝颖（2016）[97]分析了以"科艺融合"的理念和方法，利用机器人开展科普教育活动的应用。"科普秀"是展示科技魅力常见的科普活动形式，以人们喜闻乐见的机器人表演来展示机器人技术，通过大众化的机器人"科普秀"活动，增加大众对机器人的认识和关注，让更多的人接触机器人、感受机器人、喜欢机器人，为机器人科普教育的长远发展创造条件。

部分学者以大学或职业院校研究对象，通过实践探索了开展机器人科普活动的途径。黄英亮等（2015）[98]以西北工业大学舞蹈机器人的推广与应用为例，通过三个高校科普文化产业探索实践的案例——机器人校园行活动、科技夏令营活动、机器人文化产品的设计与营销，提出在实践探索阶段进行相关产业发展的策略，并提出了具有西北工业大学特色的科普文化产业规划。罗隆等（2018）[99]、申耀武等（2018）[100]以职业学院为例，探索高职院校开展系列机器人科普活动的途径。

随着技术的发展，科技馆机器人展品的范式和数量正在稳步增加。这些研究成果，为科技馆展品特别是机器人展品的分类研究奠定了理论基础，为科技馆各类机器人展品的开发和设计提供了参考依据，为科技馆机器人科普创新活动提供了参考，更为当代科技馆展示主题的规划及展品展示形式的设计与更新提供了有价值的参考。

3.2.2 调查设计及调研基本情况

1）调研范围

所有免费开放的科技馆：截至2021年年底所有免费开放的科技馆共339家，上海市松江区科技馆虽在免费开放科技馆目录中，但未获得中央补助科技馆免费开放资金，未参与此次问卷调查，因此调研范围为338家。

2）调研方式

结合疫情防控要求，采用线上问卷调研和线下实地调研相结合的方式，以

第3章 免费开放科技馆展品研究——以机器人展品为例

线上问卷调研方式为主。

3）问卷设计

根据课题研究需要，设计的调查问卷包括六方面的内容。

（1）机器人展品展项的现状

其中包括机器人展品展项数量、种类、完好情况（完好率），以及机器人展览是否有独立展区等，了解和分析机器人展品展项的基本情况。

（2）各科技馆现有的机器人展品展项的名称

通过展品展项的名称，一是用以进一步分析机器人展品展项的种类、功能、用途等；二是可以分析各科技馆同类、同用途机器人展品展项的数量、比例等。

（3）机器人展品展项的总价值

该问卷用以分析科技馆在机器人展品展项方面的资金投入情况，对比科技馆机器人展品展项的数量，进一步分析单位展品展项的价值情况。

（4）科技馆结合机器人展品开展科普活动情况

通过了解科技馆结合机器人展品开展的活动次数、主要活动名称或活动主题、开展活动的方式、活动参与对象、活动参加人数等，用以进一步分析机器人展品的在开展科普活动中的用途、作用，以及应用的场景和开展科普活动的特色等。

（5）观众对机器人展品展项的喜欢情况

该项调查用以了解观众对机器人展品展项是否喜欢以及喜欢的程度。

（6）特色展品展项情况

通过了解各科技馆特色展品展项情况，一是可以分析哪些科技馆的展品展项有特色，有特色展品展项的科技馆的数量及占比情况，可以进一步分析科技馆展品展项的同质化情况，以及特色的体现等；二是机器人作为一种特色展品体现了人工智能等科技发展的最新进展，通过了解机器人展品在特色展品中的占比情况，可以进一步分析特色展品的结构，以及机器人展品在特色展品中的重要作用。

4）问卷发放及收回情况

课题组对截至2021年年底获得免费开放资助的科技馆进行了系统调研。借助"科技馆免费开放工作调研与资金管理研究"项目实施过程中的调研渠道，于2022年9月面向全国338家免费开放科技馆开展线上问卷调查，截至2022年11月，共回收有效问卷338份，问卷回收率达到100%。

问卷回收基本情况如表3-1所示。从科技馆等级看，参与调查的338家免费开放科技馆中，有26家省级科技馆、142家市级科技馆和170家县级科技馆；从科技馆地区分布看，东部地区有96家科技馆、中部地区101家、西部地区141家。

科技馆免费开放的实践探索

表3-1 问卷回收基本情况

（单位：家）

地区	科技馆类型			合计
	省部级	地市级	县级	
东部地区	7	47	42	96
中部地区	7	51	43	101
西部地区	12	44	85	141
合计	26	142	170	338

调查样本分布情况如图3-1所示。

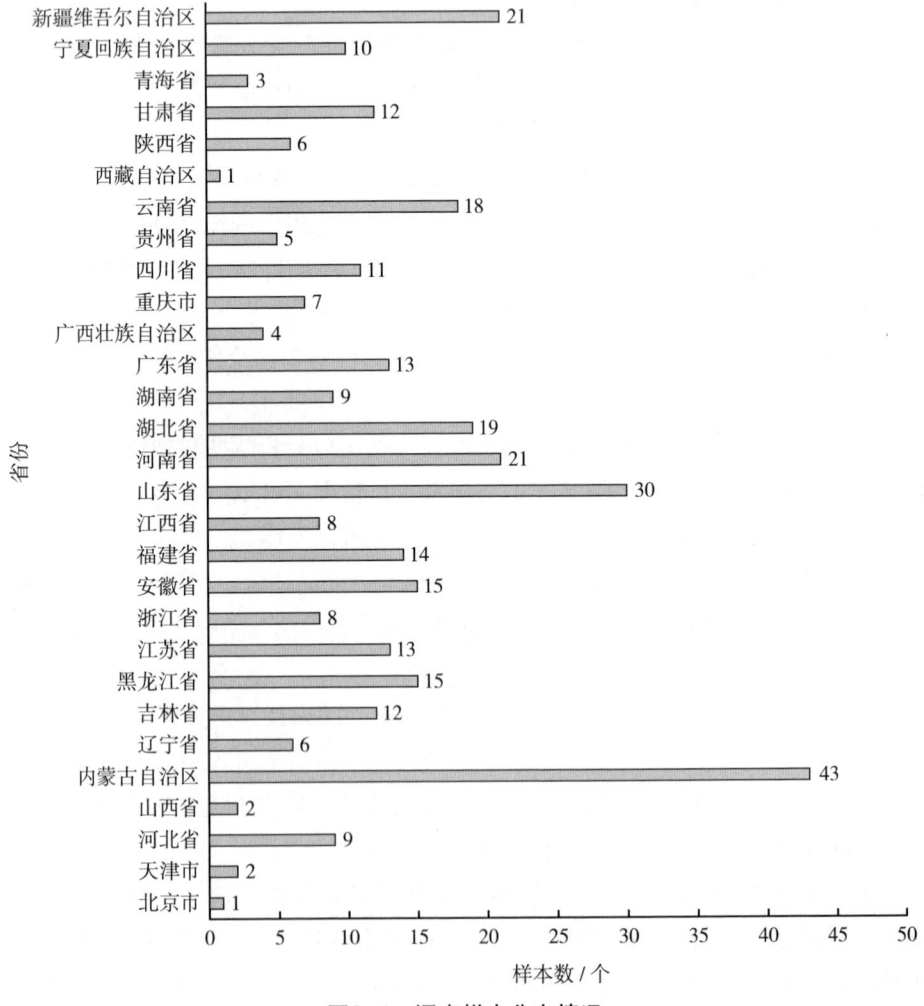

省份	样本数/个
新疆维吾尔自治区	21
宁夏回族自治区	10
青海省	3
甘肃省	12
陕西省	6
西藏自治区	1
云南省	18
贵州省	5
四川省	11
重庆市	7
广西壮族自治区	4
广东省	13
湖南省	9
湖北省	19
河南省	21
山东省	30
江西省	8
福建省	14
安徽省	15
浙江省	8
江苏省	13
黑龙江省	15
吉林省	12
辽宁省	6
内蒙古自治区	43
山西省	2
河北省	9
天津市	2
北京市	1

图3-1 调查样本分布情况

3.2.3 我国科技馆机器人展品展出和应用情况分析

1）机器人展品展项整体情况分析

（1）绝大多数科技馆有机器人展品展项

问卷调查数据显示，机器人展品展项是科技馆展品的重要组成部分，在338家科技馆中，有303家科技馆有机器人展品展项，占比89.6%。其中，省部级科技馆均有机器人展品展项；绝大多数地市级科技馆有机器人展品展项；大多数县级科技馆有机器人展品展项。有机器人展品的科技馆数量如表3-2所示。

表3-2 有机器人展品的科技馆数量情况

项目	省部级	地市级	县级	合计
科技馆数量/家	26	142	170	338
有机器人展品的科技馆数量/家	26	132	145	303
有机器人展品的科技馆占比/%	100	93	85.3	89.6

（2）具有1—5项机器人展品展项的科技馆占比最大

问卷调查数据显示，平均每家科技馆约有9项机器人展品展项，其中有1—5项机器人展品展项的科技馆数量最多，129家，占比38%。有6—10项机器人展品展项的科技馆数量72家，占比21%。免费开放科技馆机器人展品展项数量分布情况如图3-2所示。

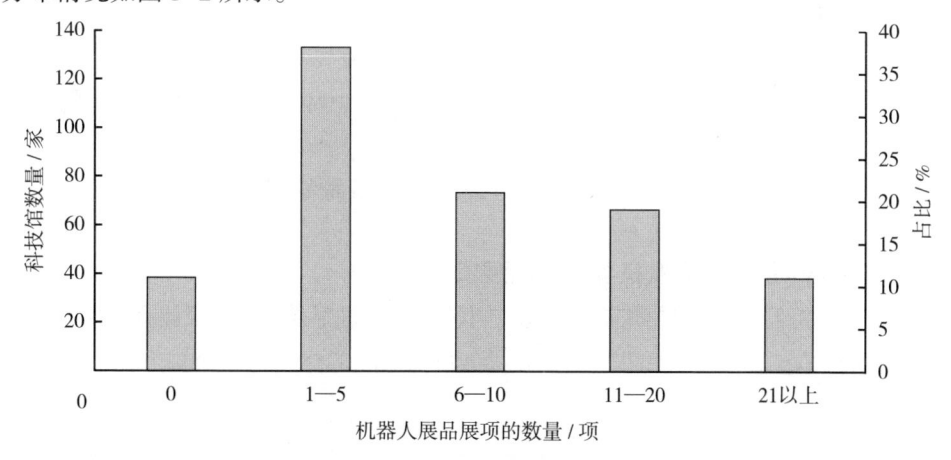

图3-2 机器人展品展项数量分布情况

（3）大多数科技馆机器人展品展项有独立展区

问卷调查数据显示，303家拥有机器人展品展项的科技馆中，206家有独立的机器人展区，占比68%；97家没有独立的机器人展区，占比32%，如表3-3所示。

表3-3 科技馆机器人展品展项展区情况

项目	数量/家	占比/%
机器人展品展项有独立展区的科技馆数量	206	68
机器人展品展项没有独立展区的科技馆数量	97	32
有机器人展品的科技馆数量	303	100

（4）科技馆机器人展品平均完好率在82%

问卷调查数据显示，303家拥有机器人展品的科技馆中，剔除6家没有填写完好率的科技馆，完好率数据统计为297家科技馆。297家科技馆机器人展品平均完好率约为82%，完好率最高为100%、最低为30%。其中，机器人展品完好率100%的科技馆为144家（占比49%），有13家（占比4%）的科技馆机器人展品完好率在59%以下，将会严重影响展示效果和观众的参观体验。科技馆机器人展品完好率统计情况如图3-3所示。

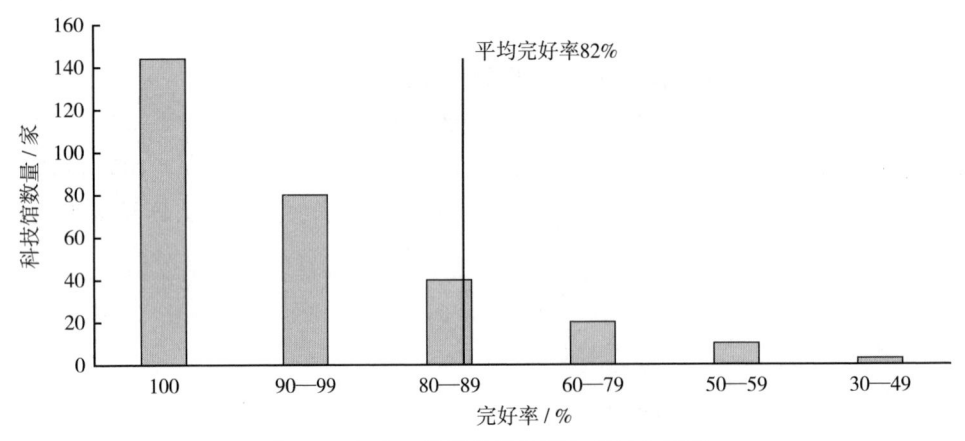

图3-3 免费开放科技馆机器人展品完好率

（5）98%的观众喜欢机器人展品展项

观众对机器人展品展项非常喜爱，问卷调查数据显示，303家拥有机器人展品展项的科技馆，观众喜欢和非常喜欢机器人展品展项的比例约为98%（表3-4）。

表3-4 观众对机器人科普展品的喜欢情况

项目	非常喜欢	喜欢	一般喜欢	不太喜欢	合计
数量/家	256	41	5	1	303
占比/%	84.49	13.53	1.65	0.33	100

2）机器人展品展项种类分析

（1）机器人展品展项各馆名称各异，种类繁多

此部分调查问卷设计的目的是在前期科技馆展品分类研究的指导下，希望通过对各科技馆现有的机器人展品展项的名称进行分析，进一步研究机器人展品展项的种类、功能和用途等。通过对303家拥有机器人展品展项的科技馆所填写的调查问卷进行统计分析，对科技馆机器人展品展项进行了初步的归类。

根据名称体现的功能和用途，对其进行了分析归类，如表3-5所示。有场馆服务、家居服务等各种服务类的机器人；有弹奏、下棋、书法、绘画等机器人；有跳舞、表演等方面的机器人；有篮球、足球、乒乓球、拳击、掰手腕、射箭等体育表演类机器人；有仿生鱼、机器狗、蜘蛛机器人等仿生类机器人；有教学、编程等方面的机器人；有语音和表情模仿机器人、画像机器人；有机械臂、机械手和工业机器人；有灭火、救护、攀爬等特殊用途的机器人；也有搭建机器人和组装类机器人。表3-5中最后一类是机器人展品生产企业自命名的展品，如小U机器人，小E机器人，小笨机器人；机器人优优，机器人欢欢，机器人乐乐；等等。该类展品数量较多，可能是表3-5中前26种中的某一种，从名称上无法判断，因此将其单独归为一类。

表3-5 科技馆机器人展品名称、种类情况统计

序号	展品展项种类	机器人展品展项名称
1	舞蹈类机器人	跳舞机器人，机器人舞蹈，环保机器人之舞
2	展厅服务类机器人	迎宾机器人，导览机器人，引导解说机器人，讲解机器人
3	下棋机器人	下棋机器人（围棋、象棋、四子棋、五子棋），机器人下棋；棋逢对手；对弈机器人，博弈机器人
4	魔方机器人	魔方机器人，机器人解魔方，魔方高手
5	仿生类机器人	机器鱼、仿生鱼、机器鱼王；机器狗，机器人狗，四足仿生机器狗；蜘蛛机器人，机器宠物，海豹宝宝；变色龙、蜘蛛爬行、灵巧的毛毛虫；大黄蜂模型机器人，蛇形机器人
6	弹奏类机器人	弹琴机器人（钢琴、扬琴、古筝），机器人乐手（机器人吹萨克斯、机器人乐队表演、奏乐机器人），架子鼓机器人、演奏机器人；智能指挥机器人
7	书法、绘画、写字类机器人	机器人书法家，书法机器人；机器人画家，素描机器人；机器人沙画家，绘图机器人；拼字机器人，写字机器人
8	表演类机器人	机器人表演家，表演机器人；人形表演机器人；机器人互动表演；机器人秀，机器人舞台秀；走迷宫机器人
9	画像机器人	机器人画像，画像机器人
10	服务业机器人	售货机器人；咖啡机器人；冰激凌机器人，炒菜机器人；扫地机器人；测温机器人，体温检测机器人，消毒机器人；垃圾分类机器人；循迹机器人

续表

序号	展品展项种类	机器人展品展项名称
11	编程机器人	编程机器人，机器人编程；机器人教学编程；机器人编程游戏；机器人编程竞赛；创意编程—智慧交通（核电救援）
12	教育、教学机器人	教育机器人，早教机器人；教学助手机器人；讲故事机器人，冰壶教育机器人；智能机器人解剖，剖析机器人；机甲大师；铠甲大师；对战机器人；机器人竞技
13	家庭机器人及智能家居服务机器人	互动家庭机器人，家居机器人；机器人小管家与智能家居；陪伴机器人，养老机器人；未来家居机器人
14	特殊场景应用和特殊用途机器人	灭火机器人，救护机器人，攀爬机器人；巡逻机器人；达·芬奇手术机器人；高速分球机器人，高速分拣机器人；嫦娥五号探测器；月球车
15	机械臂、机械手	机械臂，六自由度机械臂，四轴机械臂品，焊接机器臂品，刀头机器臂品，气动机械臂，编程机械臂，自由度机械臂履带车机器人；仿生机械手，听话的机械手，并联机械手
16	工业机器人	工业机器人，工业流水线，焊接机器人，搬运机器人；小型工业生产线；巡检机器人，轨道机器人；智能车机器人；"变形金刚"机器人；变形机器人
17	语音机器人	语音对话机器人，语音互动机器人，智能语音机器人；机器人阅读；智慧问答机器人；机器人自我介绍
18	表情模仿机器人	表情模仿机器人，表情模拟机器人；模仿机器人，人脸模拟机器人；笑脸机器人
19	拟人机器人	人形机器人，拟人机器人，仿人机器人，仿真美女机器人；欧阳修高仿机器人
20	舞剑机器人	机器人舞剑，舞剑机器人，舞剑与陀螺表演机器人
21	足球、冰球等机器人	足球机器人，冰球机器人，砂壶球机器人
22	篮球、乒乓球机器人	投篮机器人，篮球机器人，乒乓球机器人
23	拳击机器人	猜拳机器人，机器人拳击比赛；太极机器人；格斗机器人
24	掰手腕机器人	机器人掰手腕，掰手腕机器人；机器人比腕力
25	射箭机器人	射箭机器人，和机器人比射箭，百步穿杨
26	组装机器人	套件机器人，机器人套装，组装机器人；制作机器人，搭建机器人；手工机器人，积木机器人；流动巡展机器人
27	各种名称的人工智能机器人（各公司自命名）	小U机器人，小E机器人，小V机器人，小新机器人，小笨机器人；机器人优优，机器人欢欢，机器人乐乐，机器人闹闹，机器人小萌，机器人小胖；阿尔法机器人；乐高机器人；克鲁泽机器人；若其机器人；百事通机器人；悟空机器人

（2）科技馆拥有的机器人展品展项种类相对比较集中

问卷调查统计发现，303家科技馆拥有表3-5所示的27大类机器人展品展项总数达到了2721件（项）；同一机器人展品一家科技馆可能有一件，也可能有多件。在调查问卷中，各科技馆只填写了机器人展品展项的名称和总的数量，并

第3章 免费开放科技馆展品研究——以机器人展品为例

没有细化到每一种展品的数量。我们根据各科技馆填写的展品展项名称进行统计，结果如表3-6所示。

从表3-6可以看出，有舞蹈类机器人的科技馆最多，达到了91家，占拥有机器人科普展品展项的科技馆的比例为30%；其次是展厅服务类机器人和下棋机器人，分别有79家和77家科技馆有该类展品，占比分别约为26%和25%；再次是魔方机器人，有63家科技馆有该类展品，占比约为21%。拥有仿生类机器人、弹奏类机器人、表演类机器人、画像机器人，以及书法、绘画、写字类机器人的科技馆也比较多，占比均在10%以上。

表3-6 各类机器人展品展项科技馆拥有情况统计分析

序号	展品展项种类	有该类机器人展品的科技馆数量/家	占有机器人展品的科技馆比例（303家）/%
1	舞蹈类机器人	91	30.03
2	展厅服务类机器人	79	26.07
3	下棋机器人	77	25.41
4	魔方机器人	63	20.79
5	仿生类机器人	38	12.54
6	弹奏类机器人	37	12.21
7	书法、绘画、写字类机器人	35	11.55
8	表演类机器人	32	10.56
9	画像机器人	31	10.23
10	服务业机器人	30	9.90
11	教育、教学机器人	27	8.91
12	工业机器人	24	7.92
13	舞剑机器人	22	7.26
14	语音机器人	21	6.93
15	表情模仿机器人	21	6.93
16	编程机器人	20	6.60
17	机械臂、机械手	18	5.94
18	足球、冰球等机器人	17	5.61
19	拳击机器人	14	4.62
20	拟人机器人	14	4.62
21	篮球、乒乓球机器人	13	4.29
22	特殊场景应用和特殊用途机器人	12	3.96
23	掰手腕机器人	11	3.63
24	家庭机器人及智能家居服务机器人	10	3.30
25	射箭机器人	6	1.98
26	搭建机器人、组装机器人	16	5.28
27	各种名称的人工智能机器人（各公司自命名）	101	33.33

3）机器人展品展项投入价值情况分析

（1）机器人展品展项投入资金整体情况分析

问卷调查数据显示，303家拥有机器人展品展项的科技馆，剔除39家没有填写机器人展品展项投入金额和个别数据异常的科技馆，机器人展品展项投入资金有效统计的科技馆数量为264家，科技馆机器人展品展项投入总额32962万元，平均每馆投入资金125万元，如表3-7所示。

省部级科技馆机器人展品展项平均投入明显高于地市级和县级科技馆。303家有机器人展品展项的科技馆，按照省部级、地市级、县级三级科技馆划分，省部级科技馆机器人展品展项平均每馆约396万元，地市级科技馆平均每馆投入约141万元，县级科技馆平均每馆投入约57万元。

表3-7 各级科技馆对机器人展品展项投入资金情况

项目	省部级	地市级	县级	合计
科技馆数量/家	26	132	145	303
投入总额/万元	9899	15899	7164	32962
每馆平均投入资金/万元	396（25家平均）	141（113家平均）	57（126家平均）	125（264家平均）

注：省部级中1家未填写展品价值（西藏自然科学博物馆）；地市级中19家未填写展品价值；县级中19家未填写展品价值或数据异常，计算平均值时予以剔除。

（2）机器人展品展项投入金额分布情况分析

从统计数据来看，机器人展品展项投入资金有效统计的264家科技馆，机器人展品展项投入资金分布情况如图3-4所示。可以看出，虽然大多数科技馆有机器人展品展项，但资金投入较少，投入资金较多的科技馆数量较少。其中，投入资金1000万元以上的科技馆只有4家（占比1.5%），投入资金在500万—1000万元的科技馆有12家（占比4.5%）；大多数科技馆（占比64.8%）投入资金在100万元以下，其中的部分科技馆投入资金在10万元以下（占比18.8%）。

（3）单位机器人展品展项投入情况分析

问卷调查数据显示，303家拥有机器人展品展项的科技馆中，剔除39家没有填写机器人展品展项投入金额和个别数据异常的科技馆，科技馆机器人展品展项投入总额32962万元，对应的展品展项2685件，平均每件机器人展品展项投入资金12.3万元，见表3-8。

从表3-8可以看出，省部级科技馆共有机器人展品展项232件，投入资金总额9899万元，平均每件机器人展品展项投入42.7万元，为地市级科技馆每件机器人展品展项投入价值的3倍以上，是县级科技馆每件机器人展品展项投入价

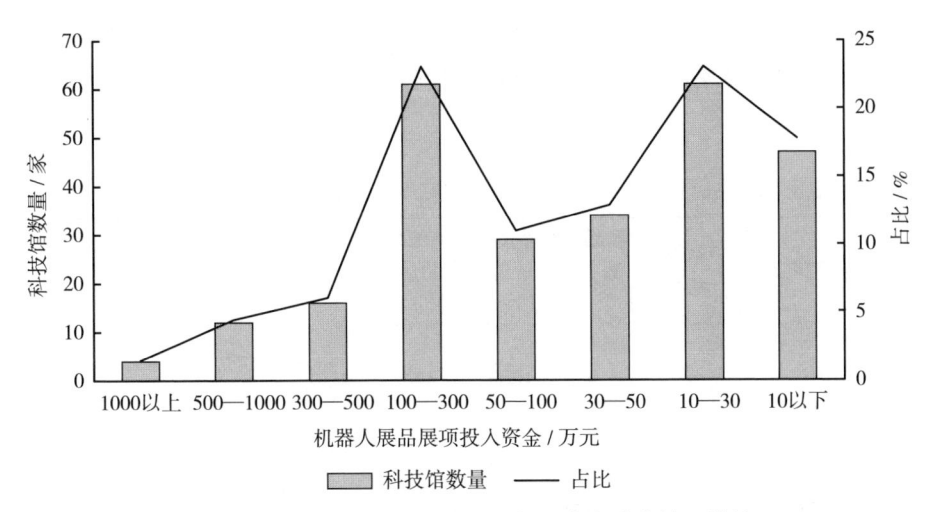

第3章 免费开放科技馆展品研究——以机器人展品为例

图3-4 科技馆机器人展品展项投入资金分布情况统计

表3-8 单位机器人展品展项投入情况

项　　目	省部级	地市级	县级	合计
展品展项数量/件	232	1152	1301	2685
投入总额/万元	9899	15899	7164	32962
单件平均投入价值/万元	42.7	13.8	5.5	12.3

注：剔除未填写展品价值的科技馆的展品数量。

值的7倍以上。县级科技馆平均每件机器人展品展项投入价值仅为5.5万元。

（4）机器人展品展项投入金额较高的科技馆及投入情况分析

调查问卷统计，机器人展品展项投入金额在400万元以上的科技馆有20家，其中，省部级馆10家（占省部级科技馆的比例为40%）、地市级馆7家（占地市级科技馆的比例为6.2%）、县级馆3家（占县级科技馆的比例为2.4%），如表3-9所示。

表3-9 机器人展品展项投入金额较高的科技馆分布情况

科技馆级别	填写机器人展品展项价值的科技馆数量/家	机器人展品展项投入金额在400万元以上的科技馆数量及占比	
		数量/家	占本级科技馆的比例/%
省部级	25	10	40.0
地市级	113	7	6.2
县级	126	3	2.4
合计	264	20	7.6

机器人展品展项投入资金在600万元以上科技馆有12家，其中省部级馆6家、地市级馆5家、县级馆1家。机器人展品展项投入资金在400万—600万元

以上的科技馆有 8 家。其中，省部级馆 4 家、地市级馆 2 家、县级馆 2 家。以上 20 家科技馆的展品情况、展品投入价值情况及单位展品平均投入情况分别如表 3-10 和表 3-11 所示。

表3-10 机器人展品展项总价值在600万元以上的科技馆及展品情况

序号	科技馆名称	科技馆级别	展品数/个	展品投入总价值/万元	单位展品平均投入/万元	机器人展品名称
1	呼伦贝尔市扎赉诺尔区儿童科技馆	县级	9	1600	177	语音导览机器人，蜘蛛机器人，小E机器人，优必选悟空型机器人
2	四川省科学技术馆	省部级	11	1528	138.91	机器人剧场，机器鱼，海豹宝宝，百步穿杨
3	江西省科学技术馆（江西省青少年科技中心）	省部级	24	1497	62.38	机器鱼王，机器人乐队，机器人表演家，攀爬机器人
4	湖北省科学技术馆	省部级	2	1400	700	嫦娥五号探测器、达·芬奇手术机器人
5	山西省科学技术馆	省部级	10	890	89	机器鱼，表情机器人，工业机器人，导览机器人
6	克拉玛依科学技术馆（新疆）	地市级	7	870	124.29	机器人大乐队，沙画机器人，神奇机器人，魔方机器人
7	淄博市科技馆	地市级	10	856	85.6	互动机器人，机器人表演家，下棋机器人，机器人冰球，机器人画像，书法机器人，表情机器人，迎宾引导机器人
8	莆田市科技馆	地市级	9	800	88.89	迎宾机器人，表情模仿机器人，机器人下棋，机器人编程游戏，机器人画家；走迷宫机器人，舞剑机器人，群组机器人
9	南宁市科技馆	地市级	27	790	29.26	智能世界大使，玩魔方机器人，机器人的听声辨向，机器人小管家与智能家居
10	遂宁市科技馆	地市级	4	700	175	拼字游戏，机器人魔方，大棋手，月球车
11	内蒙古科学技术馆	省部级	13	600	46.15	机器人发展长廊，表情机器人，高仿真迎宾机器人，家庭机器人及智能家居，画像机器人，魔方机器人，环保机器人之舞，机器人秀场，射箭机器人，与机器人比一比，机器人舞剑

第 3 章 免费开放科技馆展品研究——以机器人展品为例

续表

序号	科技馆名称	科技馆级别	展品数/个	展品投入总价值/万元	单位展品平均投入/万元	机器人展品名称
12	辽宁省科学技术馆	省部级	29	600	20.69	迎宾机器人，模仿机器人，垃圾分类机器人，攀爬机器人，巡检机器人，制作机器人，舞剑机器人，四足机器人，自动引导车，蜘蛛机器人，表情模拟机器人，机器人秀，机械臂，脑控机器人，养老机器人

表3-11 机器人展品展项总价值在400万—600万元的科技馆及展品情况

序号	科技馆名称	科技馆级别	展品数/个	展品投入总价值/万元	单位展品平均投入/万元	机器人展品名称
1	天津科学技术馆	省部级	16	574	35.88	机器人书法家，你推我挡，棋逢对手（下棋），欢迎惠顾（售卖）
2	河北省科学技术馆	省部级	38	530	13.95	工业流水线，多足机器人，寻迹机器人，机器人舞台秀
3	宜兴市科技馆	县级	15	500	33.33	绘图机器人，下棋机器人，魔方机器人，家居机器人，语音机器人，跳舞机器人
4	仁怀市科技馆	县级	8	500	62.5	掰手腕机器人，绘画机器人，冰球机器人，魔方机器人，大棋手，人形机器人套件
5	甘肃科技馆	省部级	11	496	45.09	下棋机器人，解析机器人，解魔方机器人，表情机器人
6	广西壮族自治区科学技术馆	省部级	15	466.5	31.1	表情机器人，机器人画像，人机共存机器人，拼字机器人，射箭机器人，投篮机器人，架子鼓机器人，冰球机器人，高速分拣机器人，机甲大师，机器狗
7	鹤壁市科技馆	地市级	13	428	32.92	乐队机器人，冰球机器人，下棋机器人，画像机器人，投篮机器人，书法机器人，售卖机器人，迎宾机器人，机器人挑战赛，机器人走迷宫
8	洛阳市科学技术馆	地市级	14	400	28.57	剖析机器人，机器人乐队，桌面冰球竞技机器人，互动型双臂奏乐机器人，小型工业生产线，百家姓书写机器人，领舞机器人，表情模仿机器人；画像机器人，机器人舞台，变色龙，魔方机器人，机器人下棋

125

4）结合机器人展品展项开展活动情况分析

问卷调查数据显示，科技馆结合机器人开展科普活动的形式比较丰富，包括展示活动、体验活动、开展竞赛活动、宣讲和培训活动，以及其他综合活动等如图 3-5 所示。

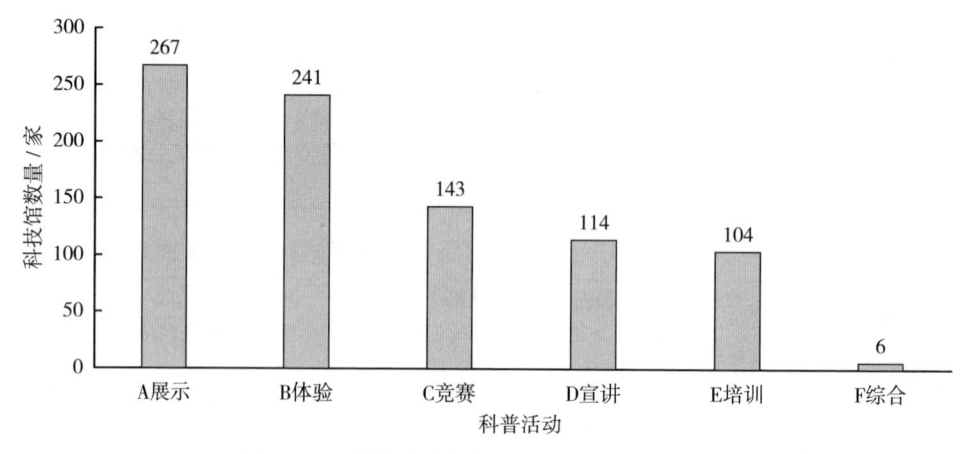

图3-5 科技馆结合机器人开展科普活动的方式

从图 3-5 可以看出，303 家拥有机器人展品展项的科技馆中，利用机器人开展展示活动的科技馆最多，有 267 家（占比 88.12%），结合机器人开展体验活动的科技馆也比较多，有 241 家（占比 79.5%），有 143 家科技馆（占比 47.2%）开展机器人竞赛活动，114 家科技馆（占比 37.6%）结合机器人开展宣讲活动，104 家科技馆（占比 34.3%）结合机器人开展培训活动等；部分科技馆同时开展以上几种活动。

5）特色展品展项情况分析

通过专家咨询和文献检索等，对特色展品展项进行了界定，即特色展品展项指区别于大多数场馆都有的，能够体现地方特色、行业特色或科技发展最新进展的，通过自主研发或合作研发而成的展品展项，并在调查问卷中进行了明确。

（1）大多数科技馆认为拥有特色展品展项

虽然调查问卷对特色展品展项进行了界定，但各科技馆基本上是按照自己的理解填写问卷，有的科技馆填写的是各楼层展厅的布展名称，也有的科技馆将常设展品展项未作区分直接填写为特色展品展项，统计分析时予以了剔除。

通过调查问卷统计分析，在 338 家科技馆中，没有特色展品展项或该项内容未填写的有 49 家，剔除填写无效的 10 家科技馆，认为本馆有特色展品展项的 279 家，占比 82.5%，如表 3-12 所示。

第3章 免费开放科技馆展品研究——以机器人展品为例

表3-12 有特色展品展项的科技馆数量情况

项目	省部级	地市级	县级	合计
科技馆数量/家	26	142	170	338
有特色展品展项的科技馆数量/家	26	121	132	279
有特色展品展项的科技馆占比/%	100	85.2	77.6	82.5

（2）少部分科技馆认为机器人展品展项有特色

问卷调查数据显示，在338家科技馆中，认为本馆机器人展品展项有特色的科技馆比较少，有32家，占比9.5%。在各级科技馆中，机器人展品展项有特色的科技馆占本级科技馆的比例情况为：省部级科技馆占比为11.5%，地市级科技馆占比为12%，县级科技馆占比为7%，如图3-6所示。

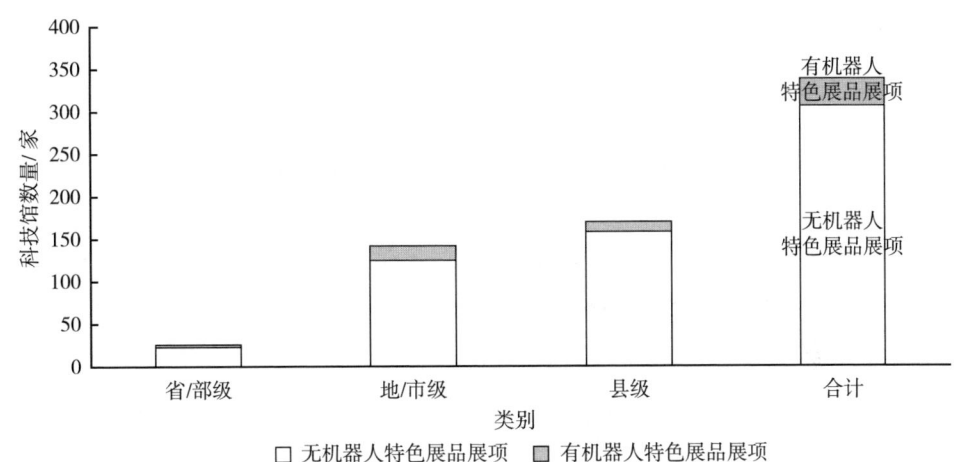

图3-6 有机器人特色展品展项的科技馆数量情况

（3）大多数科技馆特色展品展项为1—5项

问卷调查数据显示，科技馆特色展品展项数量大多集中在5项以内。其中，0项、未填写及填写无效的科技馆有59家；特色展品展项1—3项的科技馆有125家，占比37%；3—5项的科技馆有135家，占比40%；特色展品展项数量在5项以内的科技馆占比77%；特色展品展项6—8项的科技馆有13家，占比4%；9项以上的科技馆有6家，占比2%，如图3-7所示。

需要说明的是，虽然调查问卷对特色展品展项进行了界定，但各科技馆基本上是按照自己的理解填写问卷，问卷中有一些展品展项应该不属于特色展品展项。在进行统计分析时，将可以确定为填写无效的问卷进行了剔除，比如按科技馆各楼层展厅布展名称填写的,以及将科技馆常设展品展项未作区分直接填写为特色展品展项的。但图3-7中的统计数据仍然会有一部分不属于特色展品展项,从问卷资料看不能明确确认。但整体统计数据为我们分析科技馆特色展品展项和机器人特色展品展项提供了有价值的参考。

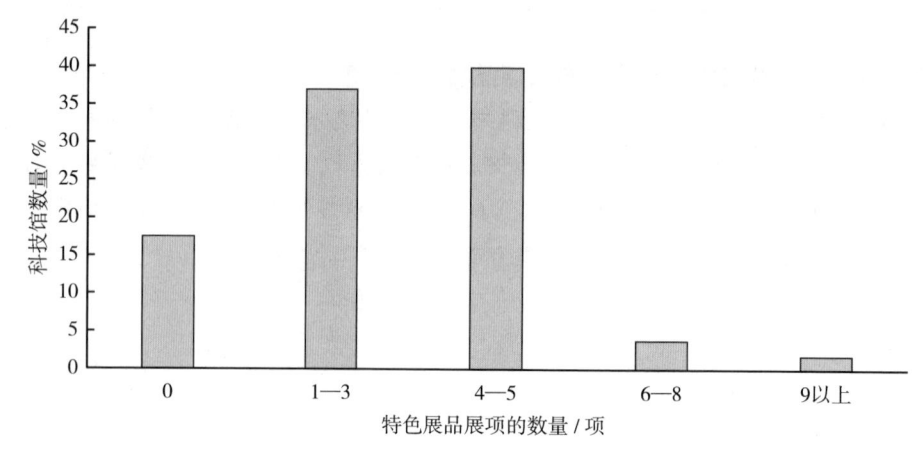

图3-7 科技馆特色展品展项的分布情况

6)机器人科普展品展出和应用情况经验总结

(1)服务观众的喜好和需求

调查数据显示,观众喜欢和非常喜欢机器人展品展项的比例高达98%,为满足观众的喜好和需求,大多数科技馆有机器人展品展项,其中省部级科技馆均有机器人展品展项。约2/3的科技馆机器人展品展项有独立展区。

(2)部分科技馆机器人展品可以100%完好展出

调查数据显示,科技馆机器人展品平均完好率约82%,但部分科技馆(占比约49%)机器人展品完好率为100%。可以进一步分析这部分科技馆的经验,进行总结推广。

(3)科技馆结合机器人开展科普活动的形式比较丰富

结合机器人开展的科普活动形式包括展示活动、体验活动、竞赛活动、宣讲活动、培训活动等。可以进一步总结这些经验,并进行交流和学习。

(4)部分科技馆机器人展品展项有一定的特色

根据调查问卷显示,部分科技馆机器人展品展项有一定的特色,如湖南省科学技术馆的机械臂舞台展项、江西省科学技术馆(江西省青少年科技中心)高智能互动机甲展项(由巨型机甲机器人、机甲平台、机甲驾驶舱及操作系统几部分组成)、内蒙古科学技术馆高仿真迎宾机器人展品展项、滁州市科学技术馆的欧阳修高仿机器人展品等。

3.2.4 科技馆机器人展品存在的问题分析

1）机器人展品名称各异，种类繁杂，缺少系统的分类

根据调查问卷统计，科技馆机器人展品种类比较繁多（参见表3-5的统计结果），缺少机器人展品规范化的分类及相关研究。根据对各科技馆填写的机器人展品的名称统计，有300多种名称，同一种展品在各科技馆的名称各异，不够统一。以舞蹈类机器人展品展项为例，名称有跳舞机器人、漫舞机器人、机器人舞蹈、舞蹈机器人、会跳舞的机器人、领舞机器人、机器人舞蹈展项、舞蹈机器人展台，以及公司自命名（如阿尔法跳舞机器人）跳舞机器人等。

有一部分机器人从科普展品的角度看名称比较宽泛和模糊，如模仿机器人，表演机器人，对弈机器人，博弈机器人，循迹机器人，机甲大师，铠甲大师，对战机器人，机器人竞技等。从名称上难以判断其功能和用途，也难以判断是哪一种机器人展品，需要从展品展项的角度对其进行进一步的分类。

还有部分机器人展品是生产企业自命名的展品，名称包括小U机器人，小E机器人，小V机器人，小豹智能机器人，小新机器人，小笨机器人；机器人优优，机器人欢欢，机器人乐乐，机器人闹闹，机器人方方，机器人小萌，机器人小胖，机器人小柔；阿尔法机器人，乐高机器人，艾萨克机器人，克鲁泽机器人，若其机器人，百事通机器人，旺仔机器人，法宝机器人，果力智能机器人，优必选智能机器人，悟空机器人；时光1号机器人；等等。该类展品数量较多，有100多家科技馆有此类展品，从名称上无法判断是哪一种机器人展品，从科普展品的角度需要按其功能和用途对其进行分类命名。

2）机器人展品展项数量较多，但单位价值较低，大型或价值较高的展品展项较少

（1）科技馆机器人展品展项平均单位价值及科技馆数量情况分析

问卷调查数据显示，在303家拥有机器人展品展项的科技馆中，剔除39家没有填写机器人展品展项投入金额和个别数据异常的科技馆，其余264家科技馆机器人展品展项投入总额32962万元，对应的展品展项2685件，平均每件机器人展品展项投入资金12.3万元（表3-8）。

通过分析可以看出，机器人展品展项数量虽然较多，但大型展品展项或价值较高的展品展项却较少。其中，机器人展品展项单位平均价值在100万元以上的科技馆只有7家，占比约2.7%；机器人展品展项单位平均价值在50万—100万元的科技馆有14家，占比约5.3%；绝大多数科技馆（215家，占比约81.4%）

机器人展品展项单位平均价值在 30 万元以下；机器人展品展项单位平均价值在 1 万—10 万元的科技馆最多，占 1/3 以上（90 家，占比约 34.1%）；还有部分科技馆（47 家，占比约 17.8%）机器人展品展项单位平均价值在 1 万元以下，如表 3-13 和图 3-8 所示。

表3-13 科技馆机器人展品展项平均单位价值及科技馆数量

机器人展品展项平均单位价值/万元	科技馆数量/家	占比/%
100 以上	7	2.7
50—100	14	5.3
30—50	28	10.6
10—30	78	29.5
1—10	90	34.1
1 以下	47	17.8
合计	264	100

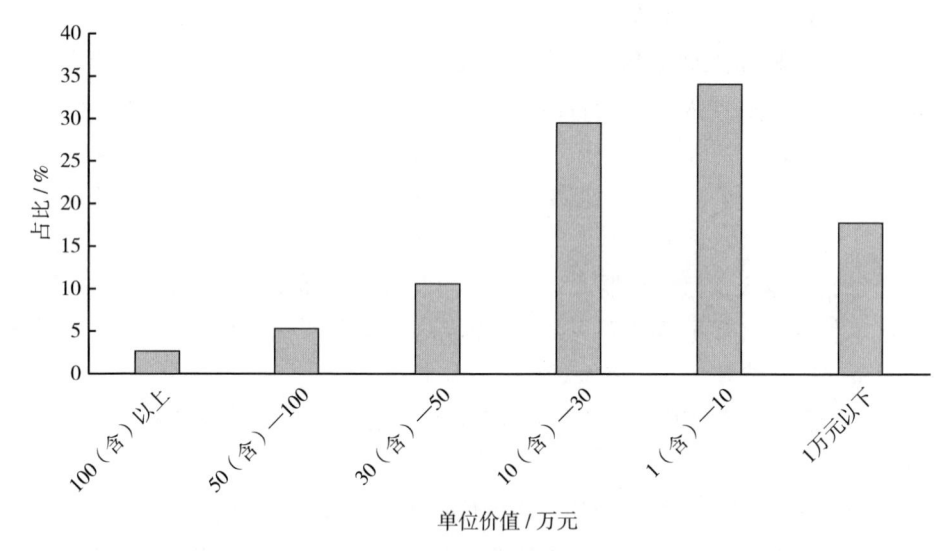

图3-8 机器人展品展项平均单位价值及科技馆数量情况

（2）机器人展品展项单位平均价值较高的科技馆分布情况分析

问卷调查数据显示，机器人展品展项单位平均价值在 50 万元以上的科技馆有 21 家，其分布情况如表 3-14 所示。其中，省部级科技馆 5 家，占比 20%，分别是湖北省科学技术馆、湖南省科学技术馆、四川省科学技术馆、山西省科学技术馆、江西省科学技术馆（江西省青少年科技中心）；地市级科技馆 12 家，占比约 10.6%，分别是遂宁市科技馆、克拉玛依科学技术馆、乌鲁木齐市科学技术馆、孝感市科技馆、武汉科学技术馆、黄石市科学技术馆、襄阳市科技馆、淄博市科学技术馆、临沂市科技馆、莆田市科技馆、台州市科技馆、六安市科技馆；县级科技馆4家，占比3.2%，分别是呼伦贝尔市扎赉诺尔区儿童科技馆、瑞金科技馆、仁怀市科技馆、老河口市科技馆。

21家科技馆的分布：湖北省6家、四川省2家、新疆维吾尔自治区2家、江西省2家、山东省2家、湖南省1家、内蒙古自治区1家、山西省1家、福建省1家、浙江省1家、安徽省1家、贵州省1家。

表3-14　机器人展品展项单位平均价值50万元以上科技馆分布情况

科技馆级别	有机器人展品展项价值的科技馆数量/家	单位展品展项价值50万元以上的科技馆数量及占比	
		数量/家	占本级科技馆比例/%
省部级	25	5	20.0
地市级	113	12	10.6
县级	126	4	3.2
合计	264	21	8.0

进一步分析机器人展品展项，单位平均价值在50万元以上的科技馆及其展品展项情况，如表3-15和表3-16所示。可以看出，机器人展品展项单位平均投入资金最高为700万元的有1家科技馆，为湖北省科学技术馆；机器人展品展项单位平均投入为200万元的有1家科技馆，为湖南省科学技术馆；机器人展品展项单位平均价值为100万—200万元的有5家科技馆；机器人展品展项单位平均价值为50万—100万元的有14家科技馆。

机器人展品展项单位平均价值在100万元以上的7家科技馆及其相应的机器人展品展项情况为：湖北省科学技术馆，机器人展品展项2项，分别为嫦娥五号探测器、达·芬奇手术机器人；湖南省科学技术馆，机器人展品展项只有1项，为机械臂舞台；四川省科学技术馆，机器人展品展项11项，主要有机器人剧场、机器鱼、海豹宝宝、百步穿杨等；遂宁市科技馆，机器人展品展项4项，分别为大棋手、机器人魔方、拼字游戏、月球车；克拉玛依科学技术馆，展品展项7项，主要有机器人大乐队、沙画机器人、神奇机器人、魔方机器人；孝感市科技馆，机器人展品展项2项，分别为智能机器人、博弈机器人；呼伦贝尔市扎赉诺尔区儿童科技馆，机器人展品展项9项，主要有语音导览机器人、蜘蛛机器人、小E机器人、优必选悟空型机器人。

表3-15　机器人单位展品展项平均价值在100万元以上的科技馆

序号	科技馆名称	科技馆级别	展品数/个	展品投入总价值/万元	单位展品平均投入/万元	机器人展品展项名称
1	湖北省科学技术馆	省部级	2	1400	700.00	嫦娥五号探测器、达·芬奇手术机器人
2	湖南省科学技术馆	省部级	1	200	200.00	机械臂舞台
3	四川省科学技术馆	省部级	11	1528	138.91	机器人剧场，机器鱼，海豹宝宝，百步穿杨
4	呼伦贝尔市扎赉诺尔区儿童科技馆	县级	9	1600	177.00	语音导览机器人，蜘蛛机器人，小E机器人，优必选悟空型机器人
5	遂宁市科技馆	地市级	4	700	175.00	拼字游戏，机器人魔方，大棋手，月球车
6	克拉玛依科学技术馆	地市级	7	870	124.29	机器人大乐队，沙画机器人、神奇机器人，魔方机器人
7	孝感市科技馆	地市级	2	200	100.00	智能机器人、博弈机器人

表3-16　机器人单位展品展项平均价值在50万—100万元以上的科技馆

序号	科技馆名称	科技馆级别	展品数/个	展品投入总价值/万元	单位展品平均投入/万元	机器人展品展项名称
1	山西省科学技术馆	省部级	10	890	89.0	机器鱼，工业机器人、表情机器人、导览机器人
2	江西省科学技术馆（江西省青少年科技中心）	省部级	24	1497	62.4	机器鱼王，机器人表演家，攀爬机器人，高智能互动机甲
3	淄博市科学技术馆	地市级	10	856	95.6	机器人表演家，下棋机器人，机器人冰球，机器人画像，书法机器人、表情机器人、迎宾引导机器人、互动机器人
4	莆田市科技馆	地市级	9	800	88.9	迎宾机器人，机器人下棋，机器人画家，舞剑机器人、走迷宫机器人、表情模仿机器人，机器人编程游戏，群组机器人
5	黄石市科学技术馆	地市级	3	239	79.7	机器人舞蹈，舞剑陀螺机器人、表情机器人
6	乌鲁木齐市科学技术馆	地市级	5	331	66.2	机械臂剧场，气动机械臂，NAO机器人，DIY编程机械臂

续表

序号	科技馆名称	科技馆级别	展品数/个	展品投入总价值/万元	单位展品平均投入/万元	机器人展品展项名称
7	临沂市科技馆	地市级	1	60	60	机器人舞剑及陀螺表演
8	台州市科技馆	地市级	3	180	60	扬琴机器人，下棋机器人、迎宾机器人
9	武汉科学技术馆	地市级	5	281	56.2	下棋机器人，机器沙画家，古筝机器人，识音鹤舞，守得住吗
10	襄阳市科技馆	地市级	2	104.7	52.4	机器宠物，下棋机器人
11	六安市科技馆	地市级	4	200	50	机器人大舞台，机器人书法家，剖析机器人，机器人发展与应用
12	瑞金科技馆	县级	4	320	80	画像机器人、投篮机器人，机器人对弈，机器人表演家
13	仁怀市科技馆	县级	8	500	62.5	掰手腕机器人、绘画机器人，冰球机器人，魔方机器人，大棋手
14	老河口市科技馆	县级	4	220	55	迎宾机器人，魔方高手，机器人画像，下棋机器人

3）大多数科技馆有机器人展品展项，但特色不够，同类的展品展项较多

（1）同类的机器人展品展项较多

从前面的统计数据可以看出，科技馆机器人展品展项有30种，但同类机器人展品展项较多。比如跳舞机器人、迎宾等展厅服务机器人、下棋机器人、魔方机器人，有这4种机器人展品的科技馆最多，占有机器人展品的科技馆的比例均在20%以上；再如弹奏类机器人，仿生类机器人，表演类机器人，画像机器人以及书法、绘画类机器人，有这5种机器人展品的科技馆也较多，占有机器人展品的科技馆的比例均在10%以上。

以科技馆拥有最多的跳舞机器人、展厅服务机器人、下棋机器人、魔方机器人4种机器人展品为例，选择拥有以上展品展项数量比较多的科技馆所在省份，进一步分析各类展品的占比情况，如表3-17所示。表3-17中所示的有机器人展品展项的12个省份156家科技馆。其中，57家科技馆有跳舞机器人展品，占比36.5%；45家科技馆有下棋机器人展品，占比28.8%；42家科技馆有展厅服务机器人展品，占比26.9%；38家有魔方机器人展品，占比24.4%。

其中，黑龙江省的14家科技馆中，11家有跳舞机器人展品，占比达到了

78.6%。河北省的8家科技馆中,4家有跳舞机器人展品,占比50%;5家有展厅服务机器人展品,占比达到了62.5%。安徽省的15家科技馆中,8家有魔方机器人展品,占比达到了53.3%;5家有跳舞机器人展品、5家有下棋机器人展品,占比均为33.3%。宁夏回族自治区的8家科技馆中,4家有下棋机器人展品,占比50%;3家有跳舞机器人展品,占比37.5%。江西省的8家科技馆中,4家有下棋机器人展品,占比50%。江苏省的11家科技馆中,5家有跳舞机器人展品,占比45.5%;4家有魔方机器人展品,占比36.4%。吉林省的11家科技馆中,5家有跳舞机器人展品,占比45.5%;4家有展厅服务机器人展品,占比36.4%。云南省的14家科技馆中,6家有展厅服务机器人展品,占比42.9%;5家有跳舞机器人展品,占比35.7%。河南省的17家科技馆中,7家有下棋机器人展品,占比41.2%;6家有魔方机器人展品,占比35.3%。湖北省的15家科技馆中,6家有跳舞机器人展品、6家有下棋机器人展品,占比均为40%。山东省的25家科技馆中,10家有展厅服务机器人展品,占比40%。甘肃省的10家科技馆中,4家有下棋机器人展品,占比40%;3家有跳舞机器人展品,占比30%。

表3-17 部分同类机器人展品展项科技馆拥有情况分析

地区	有机器人展品的科技馆数/家	跳舞机器人 数量	跳舞机器人 占比/%	展厅服务机器人 数量	展厅服务机器人 占比/%	下棋机器人 数量	下棋机器人 占比/%	魔方机器人 数量	魔方机器人 占比/%
黑龙江省	14	11	78.6	1	7.1	1	7.1	3	21.4
河北省	8	4	50.0	5	62.5	2	25.9	1	12.5
安徽省	15	5	33.3	3	20.0	5	33.3	8	53.3
宁夏回族自治区	8	3	37.5	1	12.5	4	50.0	2	25.0
江西省	8	2	25.0	1	12.5	4	50.0	2	25.0
江苏省	11	5	45.5	1	9.1	2	18.2	4	36.4
吉林省	11	5	45.5	4	36.4	2	18.2	2	18.2
云南省	14	5	35.7	6	42.9	4	28.6	3	21.4
河南省	17	4	23.5	5	29.4	7	41.2	6	35.3
湖北省	15	6	40.0	3	20.0	6	40.0	2	13.3
山东省	25	4	16.0	10	40.0	4	16.0	3	12.0
甘肃省	10	3	30.0	2	20.0	4	40.0	2	20.0
合计	156	57	36.5	42	26.9	45	28.8	38	24.4

（2）绝大多数科技馆有机器人展品展项，但特色展品展项较少

在 338 家科技馆中，认为本馆机器人展品展项有特色的科技馆 32 家，占比 9.5%。其中，在省部级科技馆中，机器人展品展项有特色的占比约为 11.5%；在地市级科技馆中，机器人展品展项有特色的占比约为 12%；在县级科技馆中，机器人展品展项有特色的占比约为 7.1%，见表 3-18。

表3-18 有机器人特色展品展项的科技馆数量情况

项目	省部级	地市级	县级	合计
科技馆数量/家	26	142	170	338
有机器人特色展品展项的科技馆数量/家	3	17	12	32
有机器人特色展品展项的科技馆占本级科技馆比例/%	11.5	12	7.1	9.5

近 90% 的科技馆都有机器人展品展项，但机器人展品展项有特色的科技馆却较少，占比不到 10%。这个比例是各科技馆自认为本馆机器人展品展项有特色的统计比例，从各科技馆填写的机器人特色展品展项情况看，有的机器人展品展项可能不是特色展品展项。所以，机器人展品展项有特色的科技馆很少，特色机器人展品展项也很少。

调查问卷显示的科技馆机器人特色展品展项情况如表 3-19 所示。

表3-19 科技馆机器人特色展品展项情况

科技馆名称	科技馆级别	机器人特色展品展项名称
湖南省科学技术馆	省部级	机械臂舞台
江西省科学技术馆（江西省青少年科技中心）	省部级	高智能互动机甲
内蒙古科学技术馆	省部级	高仿真迎宾机器人、射箭机器人
辽宁省科学技术馆	省部级	垃圾分类机器人
滁州市科学技术馆	地市级	欧阳修高仿机器人
孝感市科技馆	地市级	智能机器人、博弈机器人
台州市科技馆	地市级	扬琴机器人
榆林市科学技术馆	地市级	四足仿生机器狗
芜湖科技馆	地市级	芜湖智能工业机器人
鹤壁市科技馆	地市级	画像机器人
韶关市科技馆	地市级	咖啡机器人
吉安市科技馆	地市级	机器人乐队
济宁科技馆	地市级	机器人展项
金昌市科技馆	地市级	克鲁泽机器人
呼伦贝尔市扎赉诺尔区儿童科技馆	县级	语音导览机器人

4）机器人展品完好情况差异较大，部分科技馆展品完好率较低

从前面的数据可以看出，拥有机器人展品的科技馆，机器人展品平均完好率为82%。从表3-20可以看出，近一半的科技馆机器人展品完好率为100%；机器人展品完好率在80%—99%的科技馆占比40%；有10%的科技馆机器人展品完好率在79%以下，最低完好率为30%。

展品展项的完好率将直接影响观众的参观体验、参观热情及参观效果，也直接影响科技馆的形象。

表3-20 科技馆机器人展品完好率

机器人展品完好率/%	科技馆数量/家	占比/%
100	144	49
90—99	80	27
80—89	40	13
60—79	20	7
50—59	10	3
30—49	3	1
合计	297	100

注：303家有机器人展品展项的科技馆，其中6家没有填写完好率，完好率数据统计为297家科技馆

3.2.5 对策建议

从调研情况看，观众对机器人展品展项非常喜爱。问卷调查数据显示，观众非常喜欢机器人展品展项的比例为84%，喜欢机器人展品展项的比例为达14%，非常喜欢和喜欢机器人展品展项的比例达98%。可以研判，随着科学技术的不断发展和进步，机器人展品展项的不断丰富，机器人展品展项完好率的提升，机器人展品将会是未来科技馆科普展品的最重要组成部分，机器人科普展品展项在科技馆等科普场所有广阔的应用前景和发展趋势。

在系统分析我国科技馆机器人展品展项应用情况以及存在的问题的基础上，结合文献研究成果，以问题导向、目标导向、需求导向为引领，提出促进我国科技馆机器人展品发展、丰富科普展品资源的意见建议。

1）开展和强化科技馆机器人科普展品的相关理论探索

根据调查问卷统计，科技馆机器人展品展项有300多种名称，同一种展品在各科技馆的名称各异；还有一部分机器人展品名称比较宽泛和模糊，或是生产企业自命名的展品，难以判断展品的功能和用途，也难以判断是哪一种机器人展品，需要从展品展项的角度对其进行进一步的分类和规范。一是需要进一步研究

第3章 免费开放科技馆展品研究——以机器人展品为例

科普展品、机器人科普展品的定义；二是研究科普展品、科技馆机器人科普展品的分类，进一步研究科技馆机器人科普展品的应用场景，以更好地发挥科技馆机器人科普展品的科学传播作用。

在表3-5机器人展品初步分类的基础上，进行了进一步的分类研究。根据机器人展品功能和用途分成了10大类，如表3-21所示。

表3-21 科技馆机器人展品分类

序号	展品展项大类	展品展项种类	机器人展品展项名称
1	服务类机器人	展厅服务类机器人	迎宾机器人、导览机器人、引导解说机器人
		语音服务机器人	语音对话机器人、语音互动机器人、智能语音机器人、智慧问答机器人，机器人自我介绍
		服务业机器人	售货机器人；咖啡机器人、冰激凌机器人、炒菜机器人，扫地机器人；测温机器人、体温检测机器人、消毒机器人；垃圾分类机器人；循迹机器人；巡逻机器人
		家庭服务机器人	互动家庭机器人、家居机器人；机器人小管家与智能家居；智能服务机器人、陪伴机器人、养老机器人；未来家居机器人
2	琴棋书画舞等表演类机器人	弹奏类机器人	弹琴机器人（钢琴、扬琴、古筝）、机器人乐手（机器人吹萨克斯、机器人乐队表演、奏乐机器人）、架子鼓机器人、演奏机器人；智能指挥机器人
		下棋机器人	下棋机器人（围棋、象棋、四子棋、五子棋）；对弈机器人、博弈机器人
		书法、绘画、写字类机器人	机器人书法家、书法机器人；机器人画家、素描机器人；机器人沙画家；拼字机器人、写字机器人
		魔方机器人	魔方机器人、机器人解魔方、魔方高手
		舞蹈类机器人	跳舞机器人、机器人舞蹈、环保机器人之舞
		其他表演类机器人	机器人表演家，表演机器人；人形表演机器人；机器人互动表演；机器人秀，机器人同台竞赛；参赛演示机器人；走迷宫机器人；群组机器人
3	体育表演类机器人	球类表演机器人	投篮机器人、篮球机器人；乒乓球机器人、足球机器人；冰球机器人；砂壶球机器人
		舞剑机器人	机器人舞剑，舞剑机器人，舞剑与陀螺表演机器人
		射箭机器人	射箭机器人，和机器人比射箭，百步穿杨
		拳击机器人	猜拳机器人，机器人拳击比赛；太极机器人；格斗机器人
		掰手腕机器人	机器人掰手腕，掰手腕机器人；机器人比腕力

续表

序号	展品展项大类	展品展项种类	机器人展品展项名称
4	仿生类机器人	仿生类机器人	机器鱼、仿生鱼、机器鱼王；机器狗、机器人狗、四足仿生机器狗；蜘蛛机器人，六足演示（蜘蛛）机器人；机器宠物；海豹宝宝；变色龙、蜘蛛爬行、灵巧的毛毛虫；大黄蜂模型机器人、蛇形机器人
5	画像机器人	画像机器人	机器人画像，画像机器人
6	教育和编程类机器人	教育教学机器人	教育机器人、早教机器人、讲故事机器人；教学助手机器人；冰壶教育机器人；机器人阅读、绘图机器人；机甲大师，铠甲大师，对战机器人；机器人竞技；机器人解剖，剖析机器人
		编程机器人	编程机器人，机器人编程；机器人教学编程；机器人编程游戏；机器人编程竞赛；创意编程—智慧交通（核电救援）
7	拟人机器人和表情模仿机器人	拟人机器人	人形机器人、拟人机器人、仿人机器人、仿真美女机器人；欧阳修高仿机器人
		表情模仿机器人	表情模仿机器人、表情模拟机器人；模仿机器人，人脸模拟机器人；笑脸机器人
8	工业机器人	机械臂	机械臂，六自由度机械臂、四轴机械臂品，焊接机器臂品，刀头机器臂品，气动机械臂，编程机械臂，自由度机械臂履带车机器人
		机械手	仿生机械手，听话的机械手，并联机械手，操控手
		工业操作类机器人	工业机器人，工业流水线，焊接机器人，搬运机器人；小型工业生产线；巡检机器人，轨道机器人，智能车机器人；工业机器人表演
		变形机器人	变形机器人；"变形金刚"机器人
9	特殊场景应用和特殊用途机器人	特殊环境和场景应用机器人	灭火机器人，救护机器人；攀爬机器人；达·芬奇手术机器人；高速分球机器人，高速分拣机器人
		特殊用途机器人	月球车；嫦娥五号探测器
10	组装类机器人	组装机器人	套件机器人，机器人套装，组装机器人；制作机器人，搭建机器人；手工机器人，积木机器人；流动巡展机器人

第一类：服务类机器人。将展厅服务类机器人、家庭服务型机器人，以及服务业机器人归为此类，称为服务类机器人。其中，有展厅服务类机器人的科技馆数量较多，共79家，排第二位，展品展项名称包括迎宾机器人、导览机器人、引导解说机器人等；30家科技馆有服务业方面的机器人，这类机器人展品展项比较繁杂，包括售货机器人、咖啡机器人、冰激凌机器人、炒菜机器人、扫地机器人、测温机器人、消毒机器人、垃圾分类机器人、循迹机器人、巡逻机器人

等；10家科技馆有家庭服务机器人，这类机器人展品展项包括家居机器人、机器人小管家与智能家居、未来家居机器人、陪伴机器人、养老机器人等。

第二类：琴棋书画舞等表演类机器人。第二类和第三类都属于表演方面的机器人，表演类机器人展品展项种类最多，将其分成了两类。第二类主要是文艺表演方面的机器人；第三类主要的各种体育表演方面的机器人。将弹奏类机器人、下棋机器人、书法机器人、绘画机器人、写字机器人、舞蹈机器人、魔方机器人以及其他表演类机器人归为琴棋书画舞等表演类机器人。其中，有舞蹈机器人的科技馆数量最多，共91家，展品展项名称包括跳舞机器人、机器人舞蹈等；有下棋机器人的科技馆数量也较多，共77家，排第三位，仅次于展厅服务类机器人，展品展项名称有下棋机器人（包括围棋、象棋、四子棋、五子棋等）、机器人下棋、棋逢对手、对弈机器人、博弈机器人等；有魔方机器人的科技馆数量也较多，共63家，排第四位，展品展项名称有魔方机器人、机器人解魔方、魔方高手等；37家科技馆有弹奏类机器人，这类机器人展品展项包括弹琴机器人（包括钢琴、扬琴、古筝）、演奏机器人等，将指挥机器人也暂归为此类，展品展项名称有弹琴机器人、机器人乐手、机器人吹萨克斯、机器人乐队表演、架子鼓机器人、演奏机器人、智能指挥机器人等；35家科技馆有书法、绘画、写字机器人，这类机器人展品展项比较繁杂，包括书法机器人、机器人画家、素描机器人、机器人沙画家、拼字机器人、写字机器人等；32家科技馆有其他表演类机器人，包括人形表演机器人、机器人互动表演、机器人秀，机器人同台竞赛、参赛演示机器人、走迷宫机器人等，此外群组机器人很少，暂归为此类。

第三类：体育表演类机器人。根据科技馆目前已有的体育表演机器人展品展项，将球类表演机器人、舞剑机器人、射箭机器人、拳击机器人、掰手腕机器人等归为此类，称为体育表演类机器人。其中，有球类表演机器人的科技馆数量相对较多，共30家，包括篮球机器人、乒乓球机器人、足球机器人、冰球机器人、砂壶球机器人等；22家科技馆有舞剑机器人；14家科技馆有拳击机器人；有射箭机器人和掰手腕机器人的科技馆分别为6家和5家。

第四类：仿生类机器人。包括机器鱼、机器狗、蜘蛛机器人、灵巧的毛毛虫、机器宠物等。有仿生类机器人的科技馆数量较多，共38家。

第五类：画像机器人。该类展品展项比较单一，名称包括画像机器人、机器人画像。有画像机器人的科技馆数量也较多，共31家。

第六类：教育和编程类机器人。将教育机器人、教学机器人和编程机器人归为此类。其中，教育教学机器人包含的项目较杂，包括教育机器人、早教机器人、教学助手机器人、机器人解剖、剖析机器人等。分类时发现个别科技馆有游戏类机器人，名称有机甲大师、铠甲大师、对战机器人等，数量较少，没有将其单独归类，暂将其归为此类之中。此外，个别科技馆有机器人阅读和绘图机器人，也归为此类。共有27家科技馆有教育教学机器人。有20家科技馆有编程机器人，名称包括机器人编程、机器人教学编程、机器人编程游戏、机器人编程竞赛、机器人创意编程等。

第七类：拟人机器人和表情模仿机器人。包括拟人机器人和表情模仿机器人两类。根据科技馆展品名称，将人形机器人、拟人机器人、仿人机器人、仿真美女机器人、欧阳修高仿机器人归为此类，称为拟人机器人，有14家科技馆有此类展品展项；将表情模拟机器人、模仿机器人、人脸模拟机器人、笑脸机器人等归为此类，称为表情模仿机器人，有21家科技馆有此类展品展项。

第八类：工业机器人。将机械臂、机械手、工业操作类机器人、变形机器人归为此类，称为工业机器人。其中，18家科技馆有机械臂和机械手，名称包括机械臂、机械臂晶、机械手、操控手等；20家科技馆有工业操作类机器人，名称包括工业机器人、工业流水线、焊接机器人等，巡检机器人、轨道机器人、智能车机器人、工业机器人表演较少，也归为此类；有变形机器人的科技馆较少，名称包括变形机器人、"变形金刚"机器人等。

第九类：特殊场景应用和特殊用途机器人。将用于复杂和危险工作环境，以及其他特殊或专门用途的机器人归为此类，称为特殊场景应用和特殊用途机器人。根据科技馆机器人展品展项名称，特殊场景应用机器人包括灭火机器人、救护机器人、攀爬机器人、达·芬奇手术机器人、高速分球机器人、高速分拣机器人等；特殊用途机器人包括月球车、嫦娥五号探测器。

第十类：组装类机器人。主要是手工活动，根据机器人套件和机器人套装，手工制作、搭建机器人，组装机器人等，也包括积木机器人；此外将流动巡展机器人暂归为此类。16家科技馆有此类展项。

上述分类主要是从机器人展品功能和用途视角进行的分类，只是对机器人展品分类的一方面。为更好地研究机器人展品的应用场景，提高机器人展品的展示效果，还可以进一步研究其他视角的分类，比如大型机器人展品、中型机器人展品、小型机器人展品；静态机器人展品、动态机器人展品、互动机器人展品；单一机器人展品、组合机器人展品等。

2）强化调研和研发，突出展品特色

特色展品展项是区别于大多数场馆都有的，能够体现地方特色、行业特色或科技发展最新进展的，通过自主研发或合作研发而成的展品展项。

从调研数据可以看出，近 90% 的科技馆有机器人展品展项，且机器人展品展项数量也较多。从前面的调研统计数据可以看出，科技馆机器人展品展项有 30 种左右、2600 多件。但同质化的机器人展品展项较多，特色展示和体现不够。

调研数据显示，在 338 家科技馆中，认为本馆机器人展品展项有特色的科技馆为 32 家，占比 9.5%。这个比例是各科技馆自行填写的自认为本馆机器人展品展项有特色的统计数据，从各科技馆填写的机器人特色展品展项情况看，有的可能不是特色展品展项。所以，机器人展品展项有特色的科技馆很少，特色机器人展品展项也很少。

建议科技馆应进一步强化调研工作。以机器人展品展项为例，调研本省各科技馆以及全国科技馆同类展品的基本情况，包括数量、种类、规模、价值、布展等，根据本馆的地位、优势和不足，明确本馆展品展项的定位；在此基础上强化特色展品的研发，选择适合本馆的研发方式，如自行研发、合作研发、委托研发等，突出展品展项的特色，提升本馆的知名度或在某一方面的影响力。

3）强化服务意识，提升科技馆机器人展品完好率

从表 3-20 的数据可以看出，在拥有机器人展品展项的科技馆中，近一半的科技馆机器人展品可以完好地展出，也有一半的科技馆机器人展品存在不能完好展出的情况。有的科技馆机器人展品完好率只有 30%；约有 10% 的科技馆机器人展品完好率在 79% 以下；约有 40% 的科技馆机器人展品完好率为 80%—99%；机器人展品平均完好率约为 82%。

展品展项的完好率将直接影响观众的参观体验、参观热情及参观效果，也直接影响科技馆的形象。建议科技馆进一步树立服务意识，采取有效措施，提升机器人展品展项的完好率。比如对展品展项进行定期检查和维护；对购入的展品，在合同中明确展品的维修维护责任，特别是展品展项出现故障的响应时间等。进一步提升机器人展品展项的完好率，通过使用最先进技术展品的完好展示，改善观众的参观体验，提升观众的满意度，树立科技馆的良好形象。

4）增加展品的投入，探讨资金来源市场化渠道

调查数据统计，303 家拥有机器人展品展项的科技馆，剔除 39 家没有填写机器人展品展项投入金额和个别数据异常的科技馆，科技馆机器人展品展项投入总额 32962 万元，每馆平均投入资金 125 万元。省部级科技馆机器人展品展项平均每馆投入约 396 万元，地市级科技馆平均每馆投入约 141 万元，县级科技馆平均每馆投入约 57 万元。机器人展品展项投入金额在 600 万元以上科技馆有 12 家，其中，省部级馆 6 家、地市级馆 5 家、县级馆 1 家。机器人展品展项投入金额在 400 万元以上的科技馆有20家。其中，省部级馆10家、地市级馆7家、县级馆3家。

通过分析可以看出，机器人展品展项数量虽然较多，但大型机器人展品展项或价值较高的展品展项却较少。科技馆机器人展品展项投入总额32962万元，对应的展品展项2685件，平均每件机器人展品展项投入资金12.3万元。其中，省部级科技馆平均每件机器人展品展项投入42.7万元，地市级科技馆平均每件机器人展品展项投入13.8万元，县级科技馆平均每件机器人展品展项投入5.5万元。机器人展品展项单位平均价值在50万元以上的科技馆有21家。其中，展品单位平均价值在100万元以上的科技馆只有7家，展品单位平均价值在50万—100万元的科技馆14家。展品单位平均价值在10万—50万元的科技馆有116家，展品单位平均价值在1万—10万元的科技馆有90家，展品单位平均价值在1万元以下的科技馆有47家，占比81%以上的科技馆机器人展品展项单位平均价值在30万元以下。

可以看出，省部级科技馆机器人展品展项投入总额和展品单位平均投入明显高于地市级和县级科技馆。在财政资金投入有限的情况下，建议探索其他资金来源，特别是社会化资金来源和利用的渠道。

调查问卷显示，柳州科技馆机器人展品展项的设计制作为政府和社会资本合作（PPP）项目投资建设，展品展项包括咖啡机器人、冰激凌机器人、售货机器人；表情模仿机器人、机器人表演家、冰球机器人、钢琴机器人、迎宾机器人、机器鱼。

PPP（Public-Private Partnership），是社会资本参与基础设施和公用事业项目投资运营的一种制度创新。PPP有广义和狭义之分，广义的PPP泛指公共部门与私人部门为提供公共产品或服务而建立的各种合作关系；狭义的PPP是指政府与私人部门组成特殊目的机构，引入社会资本，共同设计开发，共同承担风险，全过程合作，期满后再移交给政府的公共服务开发运营方式。在我国，PPP是指政府和社会资本合作模式。财政部在《关于推广运用政府和社会资本合作模式有关问题的通知》中指出，PPP是指在基础设施及公共服务领域建立的一种长期合作关系。通常模式是由社会资本承担设计、建设、运营、维护基础设施的大部分工作，并通过"使用者付费"及必要的"政府付费"获得合理投资回报；政府部门负责基础设施及公共服务价格和质量监管，以保证公共利益最大化。

建议进一步深入调研柳州科技馆PPP项目模式的做法、经验，以及存在的问题，推广应用的可能性等，探索社会资本的利用方式和渠道。

希望上述建议能为科技馆更加有效地开展机器人展览展示活动，丰富科普展品资源，研发和展出更具特色的机器人科普展品展项，创新当代科技馆展示主题及展品展示形式提供一定的决策参考。

3.2.6 本部分研究工作总结

总体上看，在机器人展品调查研究部分主要开展了以下几项研究工作。

一是制定了研究方案，明确了研究内容、研究方法和技术路线；明确了调研范围、调研方式；根据研究内容和预期目标设计了调查问卷。

二是梳理了国内外机器人科普展品的研究现状和应用现状，分析了国内外科技馆机器人科普展品的理论研究和应用情况。根据国外学者对机器人科普展品展项的关注点和研究，主要从博物馆、科技馆等科普场馆机器人展品展项应用视角的研究、研发视角的研究，以及活动视角的研究等方面进行了梳理和分析。根据国内学者对机器人科普展品展项的关注点和研究，主要从科普展品分类的研究、机器人展品在科普中应用的研究、科技馆机器人科普展品应用设计研究，以及结合机器人展品展项开展科普活动研究等维度进行了梳理和分析。进一步明确了国内外的研究现状和研究进展，为课题的研究奠定了良好的基础。

三是对我国科技馆，特别是免费开放科技馆，机器人展品展项展出和应用情况进行了系统的调查和分析研究。包括科技馆机器人展品展项数量、展览场景、展品完好情况、观众对机器人展品展项的喜欢情况等的调查分析，科技馆机器人展品展项名称、种类等的调查分析，机器人展品展项资金投入情况调查分析，结合机器人展品展项开展活动情况调查分析，机器人特色展品展项情况调查分析等。通过调查研究，明确现状，发现问题，查找原因。

四是从机器人科普展品展出和应用情况的经验和存在问题两方面进行了分析。可以进一步总结和推广的经验包括：科技馆机器人展品展项考虑了服务观众的喜好和需求，部分科技馆机器人展品完好率高，科技馆结合机器人开展科普活动的形式比较丰富，部分科技馆机器人展品展项有一定的特色。存在的问题包括机器人展品名称各异，种类繁杂，缺少系统的分类；机器人展品展项数量较多，但单位价值较低，大型或价值较高的展品展项较少；大多数科技馆有机器人展品展项，但特色不够，同质化或同类的展品展项较多；机器人展品完好情况差异较大，部分科技馆机器人展品的完好率较低。

五是以问题导向、目标导向、需求导向为引领，并突出问题导向，提出未来促进我国机器人科普展品发展、丰富科普展品资源的意见建议，包括：开展和强化科技馆机器人科普展品的相关理论探索；强化调研和研发，突出展品特色；强化服务意识，提升科技馆机器人展品完好率；增加展品的投入，探讨资金来源市场化渠道等。

希望以上研究成果能为未来我国科技馆更加有效地开展机器人展览展示，以及科普教育活动提供一定的参考，引导科技馆研发和展出更具特色的、更符合公众需求的机器人科普展品展项，丰富科普展品资源，创新当代科技馆展示主题及展品展示形式，推动现代科技馆体系建设，吸引更多的公众参观学习，提升公众的科学素质，扩大科技馆的社会影响，提高公众的满意度。为相关部门和地方政府落实《全民科学素质行动规划纲要（2021—2035年）》，促进公众科学素质提升提供一定的决策参考。

附件3.1 科技馆机器人展品和特色展品情况调查问卷

为开展相关课题研究，需要调查科技馆特色展品和机器人展品的情况。感谢您配合填写调研问卷！

科技馆名称：

1. 贵馆机器人展品展项的现状：
（1）机器人展品展项数量：_____件
（2）机器人展品展项种类：_____种
（3）机器人展品展项的完好情况（完好率）：_____%
（4）机器人展览是否有独立展区：_____

2. 机器人展品展项的名称：
（1）机器人展品展项一（名称）：_____
（2）机器人展品展项二（名称）：_____
（3）机器人展品展项三（名称）：_____
（4）机器人展品展项四（名称）：_____
（5）机器人展品展项五（名称）：_____
（6）如果多于5种，请列出其他机器人展品展项名称：_____

3. 贵馆机器人展品展项的总价值约为：_____万元

4. 贵馆有哪些特色展品展项，请依次列出，数量不限。（特色展品展项指区别于大多数场馆都有的，能够体现地方特色、行业特色或科技发展最新进展的，通过自主研发或合作研发而成的展品展项）
（1）特色展品展项一（列出名称）：_____
（2）特色展品展项二（列出名称）：_____

（3）特色展品展项三（列出名称）：_____

（4）特色展品展项四（列出名称）：_____

（5）特色展品展项五（列出名称）：_____

5. 您认为观众对机器人展品（　　　）

  A. 非常喜欢　　　　B. 喜欢　　　　C. 一般喜欢　　　　D. 不太喜欢

6. 贵馆结合机器人展品开展科普活动情况：

  （1）一年开展次数：_____

  （2）主要活动名称或活动主题：_____

  （3）活动参与对象：_____

  （4）参加人数总计：_____

7. 贵馆结合机器人开展科普活动的方式（可多选）(　　　)

  A. 展示　　　　　B. 体验　　　　　C. 竞赛

  D. 宣讲　　　　　E. 培训　　　　　F. 综合

  G. 其他（写出具体方式）：_____

第4章

典型免费开放科技馆简介

【内容摘要】 结合最新数据，在《免费开放科技馆概览暨参观指南》[29]的基础上根据各免费开放科技馆官方网站和官方微信公众号的最新资料和年度科技馆数据统计，以及科技馆免费开放有关材料进行改写。选择全部省级免费开放科技馆（暂缺港澳台情况）、部分建筑面积在30000平方米以上的特大型免费开放科技馆和部分大型免费开放科技馆，呈现了这些典型免费开放科技馆的展品展项等基本情况和特色。可以使读者管窥我国省级和部分特大型免费开放科技馆的概况。

4.1 省级免费开放科技馆简介

4.1.1 北京科学中心

1）概况

北京科学中心地处北京市西城区北辰路，位于北京中轴路沿线、安华桥西北角，占地面积4.7万平方米，建筑面积约4.35万平方米，展览展示面积近1.9万平方米。北京科学中心是北京市科学技术协会所属事业单位，是面向公众的大型科技场馆，2019年对外免费开放。

北京科学中心自2014年筹建以来，深入贯彻习近平总书记关于"科技创新、科学普及是实现创新发展的两翼，要把科学普及放在与科技创新同等重要的位置"的战略思想，立足北京实际，着眼国际一流，紧紧围绕北京是中华人民共和国的首都和全国政治中心、文化中心、国际交往中心、科技创新中心的战略定

北京科学中心外观图（北京科学中心提供）

位，顺应世界科技场馆发展需求，坚持以建设与北京城市发展战略地位相匹配的科普新地标为目标，突出科学思想方法传播，突破"一楼一宇"地域束缚，突显科技场馆发展理念制高点，面向社会、面向世界、面向未来，讲好北京发展故事、讲好科技创新故事、讲好科技文化故事，努力打造与科技创新中心相匹配的世界一流科学中心。

2）主要展项或展区

北京科学中心由"三生"主题馆（2号楼）、特效影院（1号楼）、儿童乐园（4号楼）、科技教育和行政办公区（3号楼）4幢独立建筑组成。分为"三生"主题展、儿童乐园、特效影院、首都科技创新成果展、科学广场、临时展区、科技教育专区和首都科普剧场8个展览展示功能区。

一是"三生"主题展。"三生"主题展位于2号楼2—5层，是北京科学中心科学传播功能的主要载体，分为"生命乐章""生活追梦""生存对话"3个展厅，布展面积6860平方米，展品、展项180件（套），引导公众科学地审视生命的价值、追求生活的品质、思考生态的和谐。科学中心以"三生"主题展作为展教内涵提升的突破口，对现有的180件展品展项进行主题归纳，梳理出54条展线，设计了54个主题化科教课程，使公众特别是孩子们每到一个区域便进入一个情境，对应特定课程体验关联展项，更有助于孩子们专注学习和辅导员深度引导，领悟展项蕴含的科学思想和科学方法。

"生命乐章"展区位于2号楼2层，内容涉及生命领域的传统知识及前沿科技，引导公众科学地审视生命的价值，思考地球生物圈和谐共存的意义。

"生活追梦"展区位于2号楼3层，围绕与百姓密切相关的便捷出行、衣食起居、健康生活、智慧生活等内容展开，传播"科学改善生活，科技引领未来"的理念。

"生存对话"展区位于2号楼4层、5层，围绕人与自然、资源和环境的关系，讲述人的生存现状，探索人与自然之间的相互影响、相互作用，强化生存环境改善的紧迫感，探讨可持续发展的有效途径。

二是儿童乐园。儿童乐园位于4号楼，布展面积3820平方米，分为"奇趣大自然""小小科学城""健康小主人"3个展区和亲子活动区，展品、展项76件（套），通过观察和体验激发小朋友产生浓厚的科学兴趣。

"奇趣大自然"展区，营造森林、湿地、雪山、沙漠、水流等自然场景，将动物、植物、矿物、天文等小知识融入其中。

"小小科学城"展区，展示基础科学中的力学、热学、声学、光学等经典知识。

"健康小主人"展区，通过学习如何保护牙齿、感受心脏的跳动、了解人体组成等体验方式，让小朋友认识到身体健康的重要。

亲子活动区，包括交通信号、积木搭建、动画制作、手工绳艺、风的实验等，家长与孩子可共同完成各项有趣的体验活动。

三是特效影院。特效影院位于1号楼2层以上，面积650平方米，可分不同时间段播放不同类型的科教影片。影院能容纳观众350人，并设有无障碍席位。

四是首都科技创新成果展。首都科技创新成果展位于1号楼1层，布展面积1150平方米，展示前沿科技和创新成果，深度挖掘科研历程和创新过程，为受众讲好思想方法故事，讲好精神传承故事，讲好科学家的故事，发挥激励人、引导人、影响人、启发人的作用。

五是科学广场。科学广场展品分布在1号楼及2号楼周边，未占用中心圆形区域，布展面积2800平方米，包括科普展品和户外气象站，设置若干互动展项设施，体现科学性、艺术性、休闲性，用于科普展示、公众休闲及功能区拓展。

六是临时展区。临时展区位于2号楼1层，有两个独立展厅，布展面积1390平方米，作为主展区的补充和延伸，向公众传递新的科技讯息，聚焦热点，突出时效，是快速反映国内外尤其是北京科技发展的新情况及各行业情况的主题展览。

七是科技教育专区。科技教育专区位于3号楼1—4层，围绕"科学思想与方法"的学术研究、示范教学、名师培养、成果转化、资源传播等方面开展系统建设，打造科教领域创新要素的集聚区、教学改革的策源地、创新成果的示范区。

八是首都科普剧场。首都科普剧场位于2号楼地下1层，联合首都地区科普和文化企业、院校等机构，共同打造集创作、表演、培训、管理于一体的"非实体、联盟式"的首都科普剧团。

北京科学中心参观不需门票，但需要通过中心官网提前预约。

3）地址与联系方式等信息

地　　址：北京市西城区北辰路9号院

官　　网：http://www.bjsc.net.cn

咨询热线：010-83059999

电子邮箱：bjsc@bjsc.net.cn

开馆时间：周二至周日

4.1.2 天津科学技术馆

1）概况

天津科学技术馆（简称天津科技馆）坐落于天津市文化中心区域内，是国家 AAA 级旅游景区和天津市著名的旅游景点。天津科技馆建于 1992 年，占地面积 2 万平方米，建筑面积 1.8 万平方米，投资 1.14 亿元，1995 年正式对外开放，2010 年进行大规模综合改造，2015 年对外免费开放。

天津科技馆主体建筑上方的球形建筑为宇宙剧场，装有 IWERKS 870 穹幕电影放映设备和 DIGISTAR Ⅱ电子天象仪，可放映科教电影和天文节目。

天津科技馆是全国首批"科技馆活动进校园"试点单位，多年来，配合学校课程改革，走进中小学校、社区开展科普表演、科学实验、科普展览等多种形式的科学普及活动。

天津科学技术馆外观图（天津科学技术馆提供，王勇摄）

2）主要展项或展区

天津科技馆常设展厅 10000 平方米，临时展厅 1000 平方米，展品展项 300 余件（套）。展品展项主要分布在 1 层和 2 层。主要展区有"探索发现""梦幻剧场""智慧结晶""认识自我""机器人天地""梦想天地"，还有"天象厅"和"宇宙剧场"两个演播区。

一、"探索发现"展区。分为数学、力学、声学、磁电、光学 5 部分，展示物理学、数学等基础学科相关的各种展品。

二、"梦幻剧场"展区。采用全息技术及真人秀结合的演绎模式，配备绚丽的灯光音响设备，使公众仿佛身临其境。

三、"智慧结晶"展区。面向人类探索未知、改善生存环境、提高生活质量的各种挑战，展现世界高新前沿科技及其突破，重点展示高新技术给人类生产、生活带来的巨大变化。

四、"认识自我"展区。以"人"为主题，通过立体标本、模型、多媒体、参与互动等形式相结合的展示方式，展示人的心理测量、人的感官认知活动、青春期教育方面的知识。公众可以通过亲身体验来了解与人体奥秘相关的科普知识。

五、"机器人天地"展区。包含机器人发展时光轴与典型藏品两大部分，演绎了机器人及相关人工智能技术随时间不断更迭、推陈出新的历史。内容兼顾历史、技术、体验、教育、互动等多重元素，把机器人及相关人工智能技术充分展现在公众面前。

六、"梦想天地"展区。该展区专门为少年儿童设置。展区色彩鲜明，展品设计新颖。孩子们在这里可以轻松愉快地学习科学知识，提高科学素质和能力，促进身心健康发展。

七、"天象厅"。采用国际先进技术设计，拥有直径8米的穹幕，可容纳28名观众。在这里可以观赏到浩瀚的宇宙星空，沉浸在深邃的宇宙星系中学习天文知识，同时，以先进的交互技术，实现与星空、星体的虚拟互动，体验探索宇宙的奥秘。

八、"宇宙剧场"。内部装有直径23米的倾斜式铝质天幕、全天域穹幕电影放映系统。穹幕电影通过超常视野鱼眼镜头的拍摄和全天域穹幕放映，场面壮观、效果逼真。

除常设展览，天津科技馆还常年举办主题展览、科普报告会，展演科普剧和系列科学表演。其中，天文科普活动已成为一大亮点，独具特色。

天津科技馆按照"免费不免票、团体需预约"的原则，实行"凭证领券，凭券入场"的免费参观和票务管理办法。穹幕电影、常设展厅内部分展项的定时演示和讲解为非基本服务，实行收费制。

3）地址与联系方式等信息

地　　址：天津市河西区隆昌路94号

官　　网：http://www.tjstm.org

咨询热线：022-28320315

开馆时间：周三至周日

4.1.3 河北省科学技术馆

1）概况

河北省科学技术馆（简称河北省科技馆）是隶属河北省科学技术协会的省级综合类科技馆。河北省科技馆由新馆和旧馆两部分组成。旧馆于1987年落成，位于石家庄市裕华东路103号，占地面积1.4万平方米，建筑面积1.8万平方米，由展厅、教室、影像厅、报告厅和办公区等组成。新馆于2006年3月23日开馆，位于石家庄市东大街1号，建筑面积1.27万平方米，总投资约1.5亿元，由常设展厅、宇宙剧场、4D演播厅及辅助建筑组成。河北省科技馆2015年对外免费开放。

河北省科技馆设有常设展览、临时展览、巡回展览、科普画廊、穹幕科教电影、4D科教电影等展览活动，开展了科学表演、科普讲座、天文观测、科普活动月（周）、科技培训等形式的科普教育活动，已成为省会及周边地区重要的科普教育基地、休闲文化场所，以及中小学教育的第二课堂。被科技部、中宣部、教育部、中国科协评为"全国青少年科技教育基地"，被中国科协评为"全国科普教育基地"。

河北省科学技术馆外观图（河北省科学技术馆提供，王新月摄）

2）主要展项或展区

河北省科技馆展厅面积7820平方米，常设展厅包括"力与机械""电与磁""数学""光与影的世界""身边的水""生命与健康""防震减灾""机器人"

等，展品展项300余件（套），内容涉及基础科学、技术应用等领域。

宇宙剧场安装了从日本引进的光学天象仪和穹幕电影放映设备，可以放映天象节目和科学探险影片；4D演播厅播放特效影片，给观众以身临其境的感觉。此外，馆内还有儿童乐园。

河北省科学技术馆常设展厅、公益性科普讲座、科普剧演出和科普实验表演免费开放。穹幕电影、天象演示片、4D电影不免费，须购票观看。

3）地址与联系方式等信息

西大街馆区地址：河北省石家庄市裕华东路103号

东大街馆区地址：石家庄市东大街1号

官　　网：http://www.hbstm.cn

咨询热线：0311-85936788

开馆时间：周二至周日

4.1.4　山西省科学技术馆

1）概况

山西省科学技术馆（简称山西省科技馆）位于山西省太原市长风商务文化区，占地面积约4.7万平方米，总建筑面积3万平方米，是山西省重要的科普基础设施。山西省科技馆新馆于2013年10月1日正式开馆，2015年对外免费开放。

山西省科学技术馆外观图（山西省科学技术馆提供，黄文摄）

2）主要展项或展区

山西省科技馆的功能主要包括：常设展览、短期专题展览、特效科普影视（包括穹幕影院、XD动感影院等）、天文观测、科普讲座、科学实验、科技培训及科普休闲等。

常设展览面积 11570 平方米，分为"数学""宇宙与生命""机器与动力""儿童科学乐园""走向未来"5 个主题展厅，有 282 个展品展项，分为四层布展。

一层展厅主题为"数学"。有 28 个展品展项，以突出数学的社会化功能为特色，包括"数学史""数学家""数学与人类活动"，以及体现数学思想和数学方法的参与互动展项等部分，引导观众理解数学，启发公众运用数学方法和数学思维解决学习与工作中遇到的问题，使公众感受到数学的魅力，于潜移默化中陶冶人们的理性精神、培养人们的逻辑思维习惯。

二层展厅主题为"宇宙与生命"。有 87 个展品展项，以"宇宙""黄土地——天上飞来的家园""生命""人体"为分主题分为 4 个分展区，展示人类对自然的探索及其过程中体现的智慧。

三层东侧展厅主题为"机器与动力"。有 59 个展品展项，以"机械""能源""材料"为分主题，展示科学技术发展给人类社会带来的巨大变化。三层西侧展厅主题为"儿童科学乐园"。有 24 展品个展项，以"生命的智慧""生活的智慧""生存的智慧"为 3 个分主题，针对 3—7 岁的低龄段儿童，寓教于乐，为孩子们提供科技发展带来的快乐体验，开启通向科学之门。

四层展厅主题为"走向未来"。有 80 个展品展项，以"交流""水——生命之源""碳循环——地球文明就是一个以'碳'为基础的碳基文明""探索太空"为分主题，展示人类在与环境和谐发展过程中体现的智慧和在宇宙探索中所发展起来的航空航天技术。

公共空间有 4 个展项，包括"独立源头的 7 个文明发祥地"展项、"谁执彩屏当空舞"机械舞动手臂展项、墙体"动态二维码"展项和"智能建筑显示屏"展项。

3）地址与联系方式等信息

地　　址：山西省太原市长风商务文化区广经路 17 号

官　　网：http://www.szstm.com

咨询热线：0351-6869850/6869817

开馆时间：周三至周日

4.1.5　内蒙古自治区科学技术馆

1）概况

内蒙古自治区科学技术馆（简称内蒙古科技馆）位于呼和浩特市新城区北垣东街，总建筑面积 4.83 万平方米，展览教育面积 2.88 万平方米，建筑总投资

6.083亿元，2016年9月建成对外免费开放，是内蒙古自治区唯一的综合性科普场馆。

内蒙古科技馆外形以"旭日腾飞"为创意，造型寓意马鞍、哈达、沙丘等地域特色和内涵，整体造型以旭日东升为基底，赋以"草原升起不落的太阳"的意境。屋面采用独特的双曲面空间管桁架结构，最大悬挑长度达39.2米，属于目前国内设计复杂、施工难度大的钢结构工程之一。

内蒙古科技馆（图片来源：内蒙古科技馆官网）

2）主要展项或展区

内蒙古科技馆常设展览围绕"探索·创新·未来"的主题，设置了"探索与发现""创造与体验""地球与家园""生命与健康""科技与未来""宇宙与航天""魅力海洋"7个主题展区，以及儿童乐园、智能空间等，共设展品及展项457件（套）。此外，还设有数字立体巨幕影院、数字球幕影院、4D动感影院、多间科学实验室、专题展览厅、科普报告厅等。

一、"探索与发现"展区。展区建筑面积约3028平方米，以基础科学和自然现象为展示对象，设置"发现电磁波、地球磁场、光影随行"等展品139件（套）。

二、"创造与体验"展区。展区建筑面积约552平方米，通过展示机器人在生产、生活中的应用，让观众体验现代高科技、数字化的生活，感受科技发明为人类带来的福祉。展区设置系列互动展品，观众在互动参与过程中可以亲身体验科技创新如何改善和改变人们的生活品质和生活方式，感受科技发展给社会、工作、生活各方面带来的深刻影响。展区设置"信息发展历程""虚拟漫游"等展品20件（套）。

三、"地球与家园"展区。展区建筑面积约1200平方米，以增强人类的环保意识为主题，设置"物种灭绝""保护草原""地震剧场"等展品16件（套）。

四、"生命与健康"展区。展区建筑面积约 1200 平方米，主要展示生命从无到有、从简至繁的历程，展示人类探究生命诞生、形成、发展的过程中科技所起的巨大作用。具有民族特色的传统医学、蒙医学在此得到突出展示，凸显了蒙医的特色和蒙药、蒙医疗法的与众不同。展区设置"大滚轮""蒙医特色疗法""人类的进化"等展品 27 件（套）。

五、"科技与未来"展区。展区建筑面积约为 1200 平方米，着眼于当代人类面临的主要问题，即自然资源的过度开发、地球自然环境和当前城市发展带来的一系列问题等。展区设置"直升机体验""变形者汽车""双轮自动平衡车"等展品 35 件（套）。

六、"宇宙与航天"展区。展区建筑面积约 2034 平方米，主要展示宇宙天体知识，并由远而近介绍宇宙、河外星系、银河系，以及太阳系内的太阳、八大行星等天体的运动状态及星象奇观。展品设计以"神舟"飞船为线索，展示航天飞行的科学原理和空间利用的相关知识，同时介绍我国航天事业从无到有、从小到大的伟大成就，以及内蒙古草原对我国航天事业发展的支持和贡献。展区设置"木星""土星""望远镜集合"等展品 44 件（套）。

七、"魅力海洋"展区。展区建筑面积约 1910 平方米，展示内容围绕人与海洋的关系展开，以认识海洋、探索海洋、利用海洋、海洋未来展望为主线，选取最能突出海洋魅力特征的主题——海洋相关自然现象、海洋生态及生物多样性、矿产资源、深海和冰冻海洋、海洋工程、海洋利用、海底城市等，展示人类认识、探索、利用海洋的科学技术和伟大成就。展区设置"海上丝绸之路""蛟龙号深潜器""海洋石油勘探"等展品 42 件（套）。

3）地址与联系方式等信息

地　　址：内蒙古自治区呼和浩特市新城区北垣东街甲 18 号

官　　网：http://www.nmgkjg.cn

咨询热线：400-6261128

开馆时间：周二至周日

4.1.6　辽宁省科学技术馆

1）概况

辽宁省科学技术馆位于辽宁省沈阳市浑南区，场馆占地面积 6.91 万平方米，建筑面积 10.25 万平方米，建筑总高度 31.9 米，2014 年 6 月试运行，2015 年对外免费开放。

辽宁省科学技术馆是一座集科普教育、科技交流、休闲旅游功能于一体的综合性科技馆。馆内共有五大功能区：展览教育功能区、科普特效影院区、科学实验培训区、科技交流功能区和支撑保障功能区。

辽宁省科学技术馆外观图（辽宁省科学技术馆提供，郭文海摄）

2）主要展项或展区

一、展览教育功能区。展览教育功能区设有"儿童科学乐园""探索发现""创造实践""工业摇篮"等展示区，展厅面积37526平方米，展品展项760余件（套），涵盖物理、化学、天文、地理、生命科学、安全避险、航空航天技术、交通、军工、计算机、电子技术、信息网络、环境科学、新型材料、辽宁工业产业等学科或领域，展品展项以互动、参与和体验为主，将科学性、知识性、趣味性有机融合，让观众在动手参与、亲身体验中走进科学，获得科技知识。

"儿童科学乐园"主要为3—8岁儿童设置，展示适合儿童身心特点的科技内容，注重儿童和家长的互动，让儿童在展览和游戏中体验探究的乐趣，激发好奇心，培养对科学的热爱。

"探索发现"厅展示人类所发现的客观世界的现象和规律。在这里，观众能体会到宇宙的浩瀚无垠、自然的绚丽多姿、物质的变化万千，也能感受到科学家在探索自然奥秘过程中锲而不舍地追求真理的伟大精神。

"创造实践"厅展示人类为改造世界、改变生活所进行的发明创造活动，观众将在探索体验过程中了解人类社会方方面面的应用技术。

"工业摇篮"厅展示辽宁省最具代表性的工业科技，并适当延展到中国及世界其他国家在相同领域取得的科技成果和发展趋势。

二、科普特效影院区。设有IMAX巨幕影院、球幕影院、4D影院、动感飞行影院及一座梦幻剧场，利用特效科技手段演示科普文化知识，寓教于乐，使观众产生身临其境之感，切身感受高科技带来的科学震撼与艺术享受。

三、科学实验培训区。按照"家、师、匠"的主题，设置包括化学材料、生物、物理、数学、木工机械、工艺、电工、机器人、食品科学等内容的13间科学实验室及1间多媒体教室，涵盖了基础科学、生活科学、前沿科学三类内容。该培训区旨在培养学生的动手操作能力、对科学知识的探索能力和认知能力，成为学校实验教育的延伸和补充。

四、科技交流功能区。设有科普报告厅、多功能厅、专家会议室等不同规模、不同功能的会议室，可满足国际会议、新闻发布、商务接待等需求。

五、支撑保障功能区。馆内服务设施齐全，突出民本思想，为公众提供了一个室内外生态环境及人文环境俱佳的科普、休闲场所。

辽宁省科学技术馆常设展厅采取"免费不免票，团体需预约"的管理办法。"儿童科学乐园"、科普特效展厅实行收费制。

3）地址与联系方式等信息

地　　　址：辽宁省沈阳市浑南区智慧三街159号

官　　　网：http://www.lnkjg.cn

咨询热线：024-23785209

开馆时间：周二至周日

4.1.7　吉林省科技馆

1）概况

吉林省科技馆坐落在长春市净月高新技术产业开发区，建筑面积3.2万平方米，是以展示教育为主要功能的公益性科普教育机构，是吉林省"十一五"重点建设项目，是吉林省科技文化中心的组成部分，是一座多功能、综合性的现代化科技馆，2016年对外免费开放。

吉林省科技馆主要通过常设展览和短期展览，以参与性、体验性、互动性的展品及辅助性展示为手段，以激发科学兴趣、启迪科学观念为目的，对公众特别是青少年进行科普教育，同时开展科技传播和科学文化交流活动。

吉林省科技馆设有数字科技馆，依托互联网技术，全面覆盖互联网终端用户，打造智能的实体场馆配套服务设施，为公众尤其是远程观众提供优质的在线科普服务，引领公众进入可参与交互式的新时代，推动吉林省科普事业的科学化、现代化和智能化发展。

吉林省科技馆外观图（吉林省科技馆提供）

2）主要展项或展区

吉林省科技馆以"科技与梦想"为主题，设"梦想的摇篮""智慧的阶梯""创造的辉煌""我们的未来不是梦"4个主题展区，有展品展项约460件（套）。馆内还附设动手实践区、4D影院、球幕影院、多功能厅、会议室、实验室等。常设展厅面积10000平方米。各楼层展区设置如下。

一层是"梦想的摇篮"展区。从培育科技梦想开始诠释主题，针对小学低年级和学龄前儿童，从认知自然、体验奇幻、感受生活、安全避险、科学梦想等方面，设置各种寓教于乐的科普展项，满足儿童对科学的好奇心、兴趣和探索欲望，激发儿童对科学的梦想。

二层是"智慧的阶梯"展区。通过美妙之音、数学天地、力学世界、电磁王国、生命与健康、中国古代科技等方面的展示，让观众在了解体验各学科重要思想、方法和原理的同时，感受经典科学理论的阶梯性作用，从科技与梦想的互动过程中深化主题。

三层是"创造的辉煌"展区。通过对信息、交通、农业、材料等方面现代先进技术的展示，让观众感受科技在实现人类梦想中的巨大作用，树立依靠科技实现梦想的科学思想，从科技实现梦想的实践层面诠释主题。

四层是"我们的未来不是梦"展区。通过对生态与环境、地球与能源、太空探秘等方面有关可持续发展的科学内容展示，倡导人与自然和谐相处，依据科技进步创造美好未来，将"科技与梦想"演绎到永远。

五层设置"实践梦想"展区。为青少年设置了科学 DIY 工作室、拼装赛车工作室、泥塑陶艺工作室、小鲁班沙画工作室、动漫制作室，还建有体现新一代信息技术的物联网技术工作室等一系列以动手实践为特征的科技培训工作室，让青少年在实践梦想的同时展望未来科技的美好。

3）地址与联系方式等信息

地　　　址：吉林省长春市净月高新技术产业开发区永顺路 1666 号

官　　　网：http://www.jlstm.cn

咨询热线：0431-81959689

开馆时间：周三至周日

4.1.8 黑龙江省科学技术馆

1）概况

黑龙江省科学技术馆位于哈尔滨市松北区，占地面积 5 万平方米，建筑面积 2.5 万平方米，2003 年 8 月开馆。黑龙江省科学技术馆是黑龙江省最大的科普教育基地，是具有展览教育、科技培训、科技交流、旅游休闲等功能的现代化综合性科普展馆，2015 年对外免费开放。

该馆以寓教于乐的方法普及科学知识，以参与互动的方式启迪智慧，使公众在游览娱乐中，接受现代科技知识的教育和科学精神的熏陶。该馆是国家 AAAA 级旅游景区，先后荣获了"全国科普日活动先进单位""全国消防科普教育基地"和黑龙江省"科普教育基地""少年儿童体验教育基地""未成年人思想道德建设科技教育基地""青少年科技创新方法实践基地"等称号。

黑龙江省科学技术馆外观图（黑龙江省科学技术馆提供，谢航斌摄）

2）主要展项或展区

黑龙江省科学技术馆展厅面积12000平方米，有12个常设展区，400余件（套）展品，涵盖了数学、力学、声学、光学、机械、能源、生命健康、信息技术等十几个学科领域的知识。展厅布局如下。

一层设置了"机械""能源材料""航空航天与交通""力学""数学"5个展区。通过演示操作智能机器人、机械传动、骑车走钢丝、四线摆和混沌水车等展品，观众可以在游玩中轻松地学习到科技知识。

二层设置了"声光和电磁学""人与健康"2个展区。"声光和电磁学"展区反映声光与电磁学基本原理；"人与健康"展区反映人体科学知识、健康知识，并设置健康测试。人们可以在舒畅的参观中感受科技带来的奇妙体验。

三层设置了"儿童展区""走进兴安岭"2个展区。这里是孩子们的王国和乐园，有开发智力和动手能力的动脑园区和动手园区，有激发孩子们想象力和创造力的"轨道小球""小小建筑师""水上乐园"等展项，还有极具地方特色的大兴安岭珍贵动植物标本展示。这些寓教于乐的展品让孩子们在嬉戏玩耍中体验科技的神奇魔力。

室外展区设有钟盘式日晷、浑天式日晷、双环式日晷、"长征二号F"运载火箭模型和动脑风车等科技展品。

该馆还设有青少年科学工作室，工作室由生物科学工作室、科学与创意工作室、机器人工作室3部分组成。工作室集生动性、知识性、艺术性、趣味性于一体，将教育与自然、生态、科普、互动体验有机结合，既有生态自然景观式布展，又有科普知识及展品等专题设计，带领青少年走进探究、体验科学奥秘的课堂。

3）地址与联系方式等信息

地　　址：黑龙江省哈尔滨市松北区太阳大道1458号

官　　网：http://www.hljstm.org.cn

咨询热线：0451-88190966

开馆时间：周二至周日

4.1.9　浙江省科技馆

1）概况

浙江省科技馆位于杭州市中心的西湖文化广场A区，建筑面积约3万平方米，于2009年7月开馆，2015年对外免费开放。

作为目前浙江省内最大的综合性科技场馆，浙江省科技馆通过多种途径和方式，优化拓展展教资源，增强科普工作能力。科技馆不定期引进国内外最新的科技展览，组织各种形式的科普宣传教育活动，成为广大公众和青少年了解科技发展动态的平台、普及科学知识的殿堂、接受素质教育的乐园。"菠萝科学奖""科学+""科技馆科学院"等活动已成为国内知名的科学传播品牌活动。

浙江省科技馆（浙江省科技馆提供，钮春皓摄）

2）主要展项或展区

浙江省科技馆建筑共6层，1—3层为常设展厅，4层设有浙江院士厅和各类报告厅等，5—6层设有机器人工作室和培训实验室等。1—3层的常设展厅，面积为16042平方米，共设有10大常设展区，100多个展项，300多件展品，既有数、理、化、天、地、生等基础科学知识，又涉及生命科学、环境科学、材料科学、航天技术、能源技术、信息技术等十几个应用学科领域知识。其中的中医、化学展项在国内科技馆属于首创展项。

一层以"人与自然"为主线，以宇宙、地球、海洋为主题，展示影响人类社会发展的科学技术。

二层以"人与科技"为主线，以材料技术、信息技术、生物技术、能源技术、机器人技术等科学技术为切入口，展示当今科技成就、动向和未来。

三层以"科学乐园"为主要内容，设置基础科学展区和少儿科技园，寓教于乐，为孩子们开启通向科学之门，走向科学之路。

四层设有浙江院士厅、科普报告厅、学术交流厅、科普演播厅等公共科普教育设施。院士展区以"展开的书卷"为设计元素，分为"科学的殿堂""浙江的骄傲""永远的丰碑""院士的风采""身边的院士"5个部分。在这里，公众可以了解350多名浙江籍，以及曾在浙江工作学习过的院士的事迹。特别是在

"身边的院士"部分，观众可以通过多媒体与院士进行实时的交流，选择自己感兴趣的问题向院士请教，聆听他们的学术思想、人生感悟，以及可持续发展和科技创新等方面的问题。

五层、六层设有机器人工作室、无线电工作室、培训实验室等科普教育培训设施。在智能机器人展区，不仅有会跳舞、会演奏、会格斗的机器人，还有跟真人一样大小的行走机器人。行走机器人既能给观众带来中国传统的太极拳表演，还可以开仿真车兜兜风。

在一层大厅，还设有4D特效影院和沉浸式影院两座科普影院。其中作为标志性建筑的直径30米巨型大球内的沉浸式影院，全套设备从美国引进，特制的银幕让观众的视野完全被画面笼罩。

3）地址与联系方式等信息

地　　　址：浙江省杭州市西湖文化广场2号

官　　　网：http://www.zjstm.org

咨询热线：0571-85090500

开馆时间：周三至周日

4.1.10　安徽省科学技术馆

1）概况

安徽省科学技术馆位于合肥市包河区，由安徽省政府投资建设，建筑面积1.2万平方米，于1999年9月开馆。安徽省科学技术馆的主要功能是展览教育、培训教育、实验教育，先后被评为"全国科普教育基地""全国爱国主义教育基地""全省青少年科技教育基地""合肥市中小学生素质拓展基地"等，2015年

安徽省科学技术馆（安徽省科学技术馆提供）

对外免费开放。

安徽省科学技术馆造型独特,一座三角形的高大建筑整体外观就像一个大写的英文字母"A"。这个创意既反映了科技馆的安徽地域特色,又蕴含着当代科学技术所具有的不断向上攀登的深刻寓意。

2) 主要展项或展区

安徽省科学技术馆展厅建筑面积5000平方米,分8个展厅,分别是前厅、中厅、动手园、第1—5展厅。第1展厅是"神奇磁电区"和"智能机械区";第二展厅是"航天博览区";第3展厅是"通信与信息区";第4、第5展厅是"安徽科技发展区与发展史区"。

该馆展示的内容着重反映基础科学原理、未来科技发展的趋势、中国国民经济发展领域内的重大成就,以及具有安徽地方特色的科技发展史。主要包括物理学、航空与航天、生命科学、环境科学、信息技术、能源与交通、材料与制造技术等领域,以及安徽省古代科技发展的历史及重要成就、科技发展的现状和成果。有展品展项约200件(套),如磁悬浮地球仪、磁悬浮列车、电磁炮、掰手腕机器人、电脑哈哈镜、旋转椅抛球、挖掘机、探险号飞船(即动感电影)等展品。展品集科学性、知识性、趣味性、参与性、艺术性于一体,借助声、光、电、多媒体等现代化展示手段,生动形象地向公众普及科学技术知识。参观者在直接参与操作展品的过程中,可以感受现代科学技术对国民经济发展和社会进步的重要影响,并能亲身体验到科学技术带来的乐趣。

该馆还有专为中小学生开设的动手园,小观众可以亲手做一张纸,或在木工小机床上亲手切割木板并按图示拼装成各种小动物等形状。

近年来,随着社会公众对科学文化的需求日益增长,安徽省科学技术馆加大了对馆区的改造力度,提升为公众服务的能力,开展"巾帼文明岗"和"青年文明号"义务讲解;创新科普活动形式,丰富科普教育内容,推出系列科普表演剧、"动手做"科学实验广场、"挑战惊奇"科普互动表演剧等活动,吸引了社会公众的积极参与,取得了良好的社会效果。

3) 地址与联系方式等信息

地　　址:安徽省合肥市包河区香港路88号

官　　网:http://www.ahstm.org.cn

咨询热线:0551-65312300

开馆时间:周三至周日

4.1.11 福建省科学技术馆

1）概况

福建省科学技术馆（简称福建省科技馆）位于福州市古田路五一广场东侧，占地面积0.6万平方米，建筑面积0.8万平方米，1993年1月开馆，是集展览教育、学术交流、培训实验、特效影视为一体的综合性科技馆，2015年对外免费开放。

福建省科学技术馆以科普教育为主要功能，不断丰富展教内容，发挥科技馆的科普主阵地作用，是"全国科普教育基地""全国青少年科技教育基地""全国青少年校外活动示范基地"。

福建省科技馆外观图（福建省科学技术馆提供，林颖颖摄）

2）主要展项或展区

福建省科学技术馆常设展厅4000平方米，有各类展品300余件（套）。重点展示当今科技发展的新内容、新技术及前沿科学等，在展示形式上大量采用影视、光电和虚拟技术，80%的展品可供公众动手操作，科学性、知识性和趣味性有机结合在一起。

该馆建有青少年科学工作室，有木工模型制作、电脑机器人、信息技术航模制作和无线电等。有设备齐全、性能先进的学术报告厅和培训教室。同时，建有500平方米的院士厅和150米长的院士画廊，展示149位闽籍及在闽工作院士的风采。

该馆还开展了形式多样的科普活动，包括数字科技馆、基层流动科技馆、福建科普大讲坛、海峡两岸科普嘉年华、科普助学、科技馆活动进校园、青少年科学素质培养等。

3）地址与联系方式等信息

地　　址：福建省福州市古田路 89 号

官　　网：http://www.fjkjg.com

咨询热线：0591-83312712

开馆时间：周三至周日

4.1.12　江西省科学技术馆

1）概况

江西省科学技术馆坐落于赣江之滨，毗邻江南文化名楼滕王阁，是江西省投资兴建的重点建设工程，是以展览教育为中心，融科技培训、科学报告、科学实验和科技影视为一体的大型科普教育基地，2016 年对外免费开放。

江西省科学技术馆旧馆占地面积 4.6 万平方米，建筑面积 1.6 万平方米。江西省科学技术馆新馆于 2016 年 8 月动工兴建，2020 年 6 月迎来游客，建筑面积 6.59 万平方米。

江西省科学技术馆（图片来源：江西省科学技术馆官网）

2）主要展项或展区

江西省科学技术馆常设展厅包括序厅和主展厅。序厅站立一个高智能互动机甲，是该馆的标志性展项，它由巨型机甲机器人、机甲平台、机甲驾驶舱及操作系统几部分组成。机器人高 6.7 米，重达 2.3 吨，全身具有 57 个自由度，搭载了灯光、烟雾、爆甲等特效。运用了最前沿的自动控制、智能识别、人工智能等先进技术。可以配合灯光音乐等场景特效带来丰富的科技表演。

主展厅以"探索、创新、未来"为主题，分 3 层布展。吸收国内外先进场馆布展经验，结合最新前沿科学技术应用，打造现代化场馆。展品展项以参与体验为主，综合运用先进的多媒体展示手段，包括互动展项、动态演示、模型、多媒体、视频、封闭式景箱、开放式场景、步入式剧场等，充分考虑科学性、逻辑性、观赏性、参与性、体验性之间的平衡，为公众营造适宜的科学学习情境。

二层是"探索与发现"主题展厅，面积为4856平方米，也是最大的一层展厅，共计展品197件。包含了8个主题展区，展厅以科学发展史为线索对展区进行串联。科技历程展区以时间为脉络展现三次工业革命成果，让游客在体验从蒸汽时代、到电气时代直至信息时代的科技变化。其他几个展区以数学、力学、电磁学、声光学、生物学、化学为主题，通过可操作的互动式展品，让游客特别是中小学生了解学习自然科学知识。

三层展厅面积约4500平方米，共计展品158件。本层展厅紧紧围绕科技创新、科技生活主题，着眼于健康、发展，从"科技改变生活，创新驱动发展"这两个角度为主题进行布展。"科创双驱，智领发展"主题展厅展示了科技是第一生产力，而科技创新是引领发展的第一动力。"材料、能源、信息"是科技创新的三驾马车，可以看到展厅以颜色区分，从这三个角度来展现科技推动生活方式的变革。科技与生活展厅从人类需求变化的角度出发，讲述科技与人体生理奥秘、健康发展、人类未来生活、生命安全之间的紧密关系。展项多以可操作模型和互动体验区构成，让孩子通过沉浸式体验认识自身的身体、树立健康的生活方式，以及在危险的自然环境下与社会生活环境中如何保护自身的安全。比如通过互动展品了解膳食健康、常见慢性病的危害及预防措施。通过体感互动，体验年老时身体的变化，从而了解运动对健康的意义。

四层展厅以天文学为基础，以宇宙探秘为主题，面积约2344平方米，分为5个展区共计75件展品。仰望星空展区带领公众从古时候人类站在地球表面仰望星空开始，从各种各样的发明中观测宇宙的现象，从现象中总结宇宙的规律。天幕剧场中公众可以跟随先贤一步步向真理迈进。同时，天幕剧场定时播放，天幕多媒体内容与灯箱联动，展示人类从古至今在天文历史上的认知过程。展项通过天幕影片及触摸屏幕两种方式带观众回顾人类了解宇宙的过程。冲出地球展区主要以航天技术发展为主线，展示人类认识、探索宇宙空间的历程，特别是我国在航空航天领域所取得的技术成就。

3）地址与联系方式等信息

地　　　址：南昌市红谷滩新区赣江北大道608号

官　　　网：http://www.jxstm.com

咨询热线：0791-86633593

开馆时间：周二至周日

4.1.13 山东省科技馆

1）概况

山东省科技馆成立于1956年，建筑面积0.25万平方米，是当时全国首批科技馆之一。1983年扩建后建筑面积达到0.68万平方米。2001年改建馆建筑面积2.1万平方米，改建的科技馆建在济南市最繁华的商业金融中心，西临泉城广场，周边大型商场、金融机构遍布，黑虎泉、大明湖、千佛山、趵突泉等风景名胜近在咫尺。于2004年1月正式对外开放，2015年对外免费开放。

山东省科技馆新馆主体建筑于2018年5月开工建设，2021年4月竣工，2023年1月对外开放，总建筑面积8万平方米，分为地上四层、地下一层，占地约3.3万平方米（50亩），位于济南市槐荫区西客站片区。建筑采用了与地块形状吻合的矩形设计，突出完整、唯美的几何形象，将数学符号"∞"嵌入形体，隐喻无限未知、无限发展、无限可能、科技无限。

山东省科技馆外观图（闫霞摄）

2）主要展项或展区

山东省科技馆展览教育区总面积40000余平方米，主要包括常设展厅、儿童展厅、山东科技发展成就展厅、室内外公共空间、智慧科技馆、科普影视区、专题展厅等区域。展览教育区内布展和展品制作于2022年4月启动，2022年12月基本完成。展览教育区内布展和展品按照"传承、启迪、实践"的理念，以科技发展历程及趋势为主线，采用国内独创的"多节点、小主题"布展思路，选取人类科技发展进程54个重大科技事件作为核心展示节点，共布设800余件展品。展品既传承了国内外科技馆优秀的经典互动展项，又创新性地加入了沉浸式多媒体空间、3D 打印、VR 演示等最新展示技术。其中，互动体验类展品占 80.2%、多媒体展示类占 11.8%、静态展示类展品占 8%；创新展品占 30% 以上，中国特色的展品占 25% 以上。实施了"体验中激发—探究中拓展—反馈中提升"的三步走教育方式，以渐进式、闭环式的形式，充分发挥每个节点的最大辐射效能。

科普影视区设有球幕影院、巨幕影院、4D 动感影院、LED 全沉浸式影院等 6 个科普影院和 1 个科普影视剧场。其中，巨幕影院银幕 29 米宽、21 米高，采用世界最先进的 IMAXGT 激光 4K 放映系统播放，处于世界领先地位；球幕影院直径 29 米，是国内最大的薄壳混凝土影院。

3）地址与联系方式等信息

地　　址：山东省济南市槐荫区日照路 2286 号
官　　网：http://www.sdstm.cn
咨询热线：0531-86064850
开馆时间：周三至周日

4.1.14　湖北省科学技术馆

1）概况

湖北省科学技术馆是 2021—2025 年首批国家级科普教育基地，位于湖北省武汉市洪山区高新大道，总用地面积约 19 万平方米，主体建筑面积 7 万余平方米，2021 年 11 月 25 日起对外免费开放。

湖北省科学技术馆外观图（湖北省科学技术馆提供，图片来源：中南院）

2）主要展项或展区

湖北省科学技术馆主要设施有科学风暴、科技瑰宝、数理世界、超级工程、仰望星空、绿水青山、生命 3.0、儿童科学乐园等 8 个常设展厅，中国工程院院士专家成果展,机器人、光伏发电、天文台、虚拟体验厅等专题展厅,好奇屋、智造工坊、山水野趣吧等科学教室,以及科普报告厅、球幕影院、巨幕影院、沉浸式空中影院、公共空间展示区等。

湖北省科学技术馆以"启迪创新智慧、汇聚创新文化、培育创新人才、促进创新发展"为理念,以现代化的展示手段,融展示与互动、参观与体验、学习与娱乐、传统与现代、科学与艺术于一体,使公众(特别是青少年)在轻松愉快的氛围中欣赏自然的奇特,感受科技的魅力,体验学习的乐趣,在趣味互动中提升科学素质。

一层设有"科普剧场""科普报告厅""球幕剧场""巨幕4D影院""虚拟体验厅"等。正在建设的"球幕影院"具有球幕电影和天象演示双重功能,能够模拟在地球上、太阳系中任何地方、任何时候看到的星空和各种天文现象。影院内设有225个半躺式座椅,观众四周皆为画面包容,恍如置身其中。"巨幕4D影院"银幕宽22米、高12.5米,以大视野的开阔影像和具有现场感的音响效果,配以4D特效座椅,让观众身临其境地置身电影情节之中。正在建设的"虚拟体验厅"面积约280平方米,设置飞行体验及骑乘体验等VR体验项目,采用360度VR全景加多自由度摆动,运动平台随影片画面同步,模拟前后升降倾斜等运动,使您的身体运动与影片情节相协调,仿佛乘坐宇宙飞船一样惊险刺激。

二层设有"儿童科学乐园展厅",包括绿野寻踪、趣味探奇、律动空间、成长童话、创想视界、像素乐园,共6个展区。展厅以培养儿童的综合能力为目标,通过游戏发挥孩子们的想象力和创造力,满足他们的好奇心,激发他们对科学的兴趣。通过玩耍锻炼他们的表达能力、沟通能力、组织和奉献能力,培养他们发散式思维,逐步学会与他人相处、分享、合作,从中获得快乐。

三层设有"科学风暴""科技瑰宝""数理世界""超级工程""仰望星空""绿水青山""生命3.0"等主题展厅,以及"专题展厅"。"科学风暴"主题展厅包括科学起源——理性的起源,科学革命——不断颠覆和开创的科学时代,科学启蒙——科学的大众化和社会化,科学世纪——理论、实验、工业真正汇合,大科学时代——科学、技术和工程的融合,共5个展区。科学风暴展厅主要展示科学带来的力量,以科学和技术推动人类社会发展、文明进步为主题,对人类在科学思想上不断发展、在科学技术上不断创新的历史进程进行回顾与梳理。"科技瑰宝"主题展厅包括寻根溯源、江河接力、承古萌新、海纳百川,共4个展区。展厅通过呈现古代长江流域先民的智慧和中国近代科技萌芽,再现世界大背景下民族科技发展的转型和蜕变。"数理世界"主题展厅包括直觉的经验、理性的思维、质疑与迭代、新的征程，共 4 个展区。展厅以经典物理学和现代物理学为核心，阐释现代科学的数理实验方法和原理，解读科学方法论的实际意义，向观众传递科学家追寻真理的思维方式和求证方法的同时，潜移默化地将科学精神的种子撒进观众的心里。"超级工程"主题展厅包括流动、动力、联通、循环、守护、边界，共 6 个展区。观众在了解超级工程的同时，更加深了对超级城市大问题的印象。"仰望星空"主题展厅包括生命摇篮、太阳族群、凝视星空、解码星光、太空之路、飞向太空、梦想太空、驻守太空，共 8 个展区，展厅以"地球是人类的摇篮，但人类不能永远生活在摇篮里"作为展示主线，从"地球—生命摇篮"存在生命的特殊性开始，讲述太阳系、浩瀚宇宙。如今，航天科学让人类得以飞离地球、驻守太空，人类的智慧已经让我们实现了齐奥尔科夫斯基的一小步。"绿水青山"主题展厅包括红色奇点、紫色生机、蓝色生境、绿色足迹，共 4 个展区。展厅从"科学认知——尊重自然"的视角展示地球科学基础知识，认识生物与自然环境的关系，突出地球各种生命形态的生态价值。以"科学行动——珍爱家园"的角度，从环境现状、生态修复、环境治理、未来发展四方面向公众阐述"绿水青山就是金山银山"的生态价值，以及生态文明的发展理念。"生命 3.0"等主题展厅也极富特色。"机器人"展厅计划建设中。

3）地址与联系方式等信息

地　　　址：武汉市洪山区高新大道 779 号

官　　　网：https://www.hbstm.org.cn

咨询热线：027-87231130

开馆时间：周三至周日

4.1.15　湖南省科学技术馆

1）概况

湖南省科学技术馆位于湖南省政府新址对面文化公园旁，占地 12.4 万平方米，建筑面积 2.81 万平方米，总投资 3 亿多元。湖南省科学技术馆是政府和社会开展科学普及工作和活动的公益性基础设施，于 2011 年 6 月正式向公众开放，2015 年对外免费开放。

2）主要展项或展区

湖南省科学技术馆展厅面积 12600 平方米。主要功能包括四大部分：科普展览（常设展览和短期展览），科普报告、讲座和培训教育，科学实验教育，特效影视（包括内径 18 米的球幕科教电影和 4D 立体动感科教电影）。其中，常设展览是科技馆最基本、最主要的教育方式，设有"制造天地""材料空间""能源

第 4 章 典型免费开放科技馆简介

湖南省科学技术馆外观图（湖南省科学技术馆提供，伍艳红摄）

世界""信息港湾""地球家园""生命体验""数理启迪""太空探索""儿童科学乐园"9个展区，内容涉及制造、能源、材料、信息、环境、数学、物理、生命、天文等领域，有展品、展项约500件（套）。湖南省科学技术馆特色展品展项主要有如下4项。

一、三湘院士墙。通过对35位在湘院士浮雕像及事迹的展示，引导公众学习他们热爱祖国、献身科技、奋力攀登、敢为人先的精神。

二、黄伯云和"碳/碳合金飞机刹车片"。碳/碳（C/C）复合材料，即碳纤维增强碳基体复合材料，它以碳纤维作增强体，以碳质材料为基体，化学组成为单一的碳元素。由于它兼有碳材料和纤维增强复合材料的优势，从而具有密度小、比模量高、比强度大、热膨胀系数低、耐高温、耐热冲击、耐腐蚀、摩擦磨损性能好等一系列优异性能，已广泛应用于航空、航天、核能、化工、机械等领域。

观众通过驾驶舱窗口位置上的两台液晶电视，观看多媒体影片，了解黄伯云的先进事迹，以及他的团队发明的"碳/碳合金飞机刹车片"，并通过实物模型对比"碳/碳合金飞机刹车片"与普通材料飞机刹车片，更加形象地了解"碳/碳合金飞机刹车片"的优势。

三、八百里洞庭。洞庭湖古代曾号称"八百里洞庭"，是历史上重要的战略要地，中国传统文化发源地之一。湖区名胜繁多，以岳阳楼为代表的历史胜迹是重要的旅游文化资源。洞庭湖流域也是中国传统农业发祥地，是著名的鱼米之乡，是湖南省乃至全国最重要的商品粮油基地、水产和养殖基地。该特色展区向观众展示洞庭湖湿地生态的多样性、功能价值、演化过程，增强全民对湿地资源保护与合理利用的意识。

四、袁隆平与杂交水稻。以幻影成像的形式介绍杂交水稻的历史发展、基本原理、科技攻关的难点,并通过几个典型故事介绍袁隆平的杰出贡献和科学思想、科学方法、科学精神。

3）地址与联系方式等信息

地　　　址：湖南省长沙市天心区杉木冲西路9号

官　　　网：http://www.hnstm.org.cn

咨询热线：0731-89808523

开馆时间：周二至周日

4.1.16　广西壮族自治区科学技术馆

1）概况

广西壮族自治区科学技术馆（简称广西科技馆）位于南宁市民族大道20号，地处广西壮族自治区政治、经济、文化中心区，毗邻民族广场、广西人民会堂、广西博物馆等重要公共设施。该馆占地面积1.47万平方米，总建筑面积3.9万平方米，总投资约2.5亿元，于2008年12月建成开馆，是国家AAAA级旅游景区。场馆设计为北面主楼展区和南面附属楼区。主楼分为4层展区，包括临时展厅和常设科普展厅；附属楼区为8层，包括青少年科学工作室、培训教室、办公室等。广西壮族自治区科学技术馆2015年对外免费开放。

广西壮族自治区科学技术馆建筑方案创意独特，体现了广西的地域特色、民族特色和科技内涵三大要素。在地域性上，神似桂林的象鼻山、阳朔的月亮山、北海的珍珠贝蚌；在民族性上，主要构图设计采用了广西铜鼓和民族服饰中最具特色和代表性的羽人图案，使建筑宛如翱翔时展开的巨大翅膀，具有民族特色和感染力；在科技内涵上，球幕影厅的球体设计，仿佛怀于凤凰母体中待产的蛋体，又如孕育新生命的珍珠贝蚌，蕴含着"科学孕育未来"和"明珠灵性育人"的寓意，特别是球体设计的流线滚动状态，使整个设计动静结合，充满灵性。

广西壮族自治区科学技术馆（广西壮族自治区科学技术馆提供，谢明明摄）

2）主要展项或展区

广西壮族自治区科学技术馆以"探索·科技·创新"为主题,设有常设展厅、临时展厅、青少年科学工作室、高科技影院等主要展厅。展厅面积20000平方米。

一、常设展厅。常设展厅面积约13500平方米,设置"启迪与探索"(主楼2层)、"科技与生活"(主楼3层)、"创新与展望"(主楼4层)3大展区,包含"儿童乐园""科学探秘""环境生存""生命健康""信息世界""挑战与创新""未来展望"7个分区,有展品展项510件(套),主要涵盖工程技术、信息技术、生物工程等与人们社会生活、可持续发展密切相关的重要领域,同时还注重挖掘广西壮族自治区和东盟各国的地域特色、科技发展成果等资源。

二、临时展厅。位于主楼1层,面积约2400平方米,主要举办短期的科技主题或热点专题展览。

三、青少年科学工作室。位于场馆6层,总面积1300平方米,面向广大青少年开展科技创新与校外教育。

四、高科技影院。馆内设有球幕和4D两个特种影院。球幕影院约250平方米,可容纳166人,兼有天象节目和球幕电影双重功能,参观者在剧场内可以欣赏全新的球幕电影和许多罕见的星空运动及天文现象。4D影院约60平方米,可容纳38人,立体影像的运用与影院内的环境喷水、吹风烟幕等机关相配合,带给观众全新的视觉震撼和乐趣。

3）地址与联系方式等信息

地　　址：广西壮族自治区南宁市民族大道20号

官　　网：http://www.gxkjg.com

咨询热线：0771-2839991

开馆时间：周二至周日

4.1.17　重庆科技馆

1）概况

重庆科技馆位于长江与嘉陵江交会处的重庆江北嘴中央商务区核心区域,于2009年9月建成开馆。科技馆占地面积2.47万平方米,建筑面积4.83万平方米,其中展览教育面积为3万平方米,总投资额4.67亿元,2015年对外免费开放。

重庆科技馆是重庆市十大社会文化事业基础设施重点工程之一,是面向公众的现代化、综合性、多功能的大型科普教育活动场馆。重庆科技馆以"国际先进·国内一流·重庆特色"为建设目标,通过科教展览、科学实验、科技培训等形式和途径,面向公众开展科普教育活动,成为"体验科学魅力的平台,启迪创新思想的殿堂,展示科技成就的窗口,开展科普教育的阵地"。

重庆科技馆外观采用石材与玻璃两种材质。外墙石材使用多种颜色交叉重叠,像坚硬的岩石,隐喻"山";占整个外墙的60%、近1万平方米的玻璃幕墙则清澈通透,隐喻"水"。石材的棱角分明、玻璃的透明如水,恰到好处地彰显出重庆"山水之城"的特征。重庆科技馆分为A区和B区,从空中鸟瞰,如同一个巨大的"扇形水晶宫",造型大气恢宏。

重庆科技馆外观图(重庆科技馆提供,李婷摄)

2)主要展项或展区

重庆科技馆以"生活·社会·创新"为展示主题,馆内共设"生活科技""国防科技""基础科学""防灾科技""交通科技""宇航科技"6个主题展厅,以及"儿童科学乐园""工业之光"2个专题展厅。展品、展项涵盖材料、机械、交通、军工、航空航天、微电子技术、信息通信、计算机应用、虚拟模拟技术、生命科学、环境科学、基础科学,以及中国古代科学技术等学科领域,展品、展项400余件(套)。主要展厅介绍如下。

一、"生活科技"展厅。位于科技馆A区2层,展览面积约4481平方米,共有展品展项131件(套)。主要展示日常生活中蕴含的科学原理和科技成就,传播"生活离不开科学,科学改善生活"的理念,引导观众穿出品位、吃出健康、科学居家,树立节能与环保意识,享受信息技术的成果,养成科学的生活方式,掌握科学的生活常识。该展厅由"穿衣打扮""饮食健康""科学家居""人体健康""能源与环境""网络与生活"6个主题展区构成。

二、"国防科技"展厅。位于科技馆A区3层,展览面积约1061平方米,共有展品展项12件(套)。该展厅结合国防热点,让观众了解国防的历史、现实和未来,是国内首个科技馆内独立介绍国防科技,开展爱国主义教育和国防教育的展厅。该展厅由"陆战之王""走向深蓝""手握钢枪"3个主题展区构成。

三、"基础科学"展厅。位于科技馆 A 区 4 层，展览面积约 2900 平方米，共有展品展项 86 件（套）。集中展示基础科学原理及其运用，把"像科学家一样思考"融入整个展厅中，经典展品有"神奇的力""电的世界""美妙的光""声音的世界"等。该展厅由"趣味数学""经典物理""磁电"等主题展区组成。

四、"工业之光"展厅。位于科技馆 B 区 1 层，展厅面积约 1750 平方米。该展厅是市政府特别要求建设的专题展厅，作为市政府展示工业科技成就的窗口和服务平台，主要展示重庆科技成果、重庆科技人物、重庆工业企业、新兴产业、工业园区等在工业化进程中的重要科技成就，展现企业在推动经济社会发展中的重要作用。

3）地址与联系方式等信息

地　　址：重庆市江北区江北城文星门街 7 号

官　　网：http://www.cqkjg.cn

咨询热线：023-61863051

开馆时间：周二至周日

4.1.18　四川科技馆

1）概况

四川科技馆位于成都市中心天府广场北侧，由原四川省展览馆改建而成，占地面积 6 万平方米，建筑面积 4.18 万平方米。2006 年 11 月建成开放，2016 年进行了全面更新改造并对外免费开放。

四川科技馆外观图（四川科技馆提供，曾静摄）

2）主要展项或展区

改造后的四川科技馆展示面积 2 万平方米，分 3 层布展，展示主题分别为

"三问""三寻""三生",共计16个展区,500余件(套)展品,还有4D影院、飞向未来剧场、机器人剧场、生命起源剧场4个特色剧场。

一层以"三问——问天、问水、问未来"为主题。包括4个室内展厅和东庭、西庭2个室外展厅。航空航天展厅约1500平方米,展示航空航天领域的基础知识和科技发展、人类探索太空的历程及天文现象等;都江堰水利工程展厅约800平方米,通过展示鱼嘴、飞沙堰、宝瓶口三大渠首工程,主要揭秘李冰治水的科学原理;儿童馆约2600平方米,包括"探索自然奥秘""感知与分享""快乐成长天地"3个展区,展品带给孩子们观察、触摸、探索和玩耍的机会,让孩子们在参与过程中获得动手、动脑、身心并用的体验。

二层以"三寻——寻知、寻智、寻迹"为主题。包括"声光电厅""数学力学厅""虚拟厅""机械厅""机器人大世界""四川省十二五科技创新成就展"6个主题展厅,展示面积约5200平方米。涵盖了"趣味数学""经典物理""神奇的力""美妙的光""巧妙的机械装置"等基础科学类的经典展项,以及利用虚拟现实技术增强观众与虚拟环境的沉浸感、交互感和体验感的展项,展示了科技的美妙与神奇。机器人展厅运用多元化的展示手段,展示了各式各样身怀绝技的机器人。

三层以"三生——生命、生存、生活"为主题。包括"生命科学""健康生活""防灾避险""生态家园""交通科技""好奇生活"6个主题展厅,展示面积约5200平方米。涵盖了人体和生命的奥秘、科学的生活方式、真实灾难险境中的处置方式、生态建设,以及水资源利用、交通工具的发展与历史变迁、日常生活中的科学知识等方面的内容。

四层是美科新未来学院。美科新未来学院是常设展区的有益补充,完善了科技馆科普教育的功能和形式。按照投资和运营主体不同,美科新未来学院的项目划分为三类:第一类是四川科技馆自主运营的科普教学和科学表演项目,有机器人工作室和科学秀(SE剧场);第二类是由四川省科学技术协会培训中心与社会专业机构合作经营的项目,有杨梅红艺术与科学创意中心、次元空间和蒲公英创客学院;第三类是科技馆引进的专业社会机构投资经营的项目,有文轩·格致书馆、智胜乐飞航空科普体验园。

3)地址与联系方式等信息

地　　址:四川省成都市青羊区人民中路一段16号

官　　网:http://www.scstm.com

咨询热线:028-86609999

开馆时间:周二至周日

4.1.19 贵州科技馆

1）概况

贵州科技馆位于贵州省贵阳市瑞金南路，于2006年8月建成开馆，占地面积0.45万平方米，建筑面积1.48万平方米，总投资9085万元，2015年对外免费开放。该馆分别于2011年、2013年和2016年分阶段对常设展厅进行了更新改造，完成了第一轮次的全馆更新。其中的"月球探测科普展"和"走进大数据"是全国科普行业首创的特色科普展区。

贵州科技馆（图片来源：贵州科技馆官网）

2）主要展项或展区

贵州科技馆展厅面积为7040平方米。其中，常设展厅4700平方米，临时展厅600平方米，培训教室640平方米，实验室600平方米，4D动感影院及同声传译学术报告厅500平方米。

贵州科技馆以"自然、智慧、未来"为主题进行布展设计，体现以人为本的理念，以人类赖以生存的奇妙自然、人类不懈追求的无穷智慧、人类致力探索的神秘未来为主线，进行多层次、全方位的立体展教。由"天文地理""万物之灵""科学探索""黔贵大地""少儿科技乐园"5大主展区和14个支撑展区组成，有展品397件（套）。展品展项具有知识性、参与性、趣味性和艺术性，体现了科学与美学、技术与艺术、自然科学与社会科学的巧妙结合，体现了"认识自然，感悟智慧，探索科技"的布展思路和展线形式。

贵州科技馆利用科普大篷车发挥"流动科技馆"作用，深入农村、城镇社区和学校开展科普教育活动。

3）地址与联系方式等信息

地　　址：贵州省贵阳市瑞金南路40号

官　　网：http://www.gzstm.cn

咨询热线：0851-85552960/85832933

开馆时间：周三至周日

4.1.20　云南省科学技术馆

1）概况

云南省科学技术馆位于昆明市翠湖西路，其前身是始建于1958年的云南省农业成就展览馆，1983年改建为"云南省科学技术馆"，是云南省科学技术协会直属的事业单位。该馆占地面积3.97万平方米，总建筑面积0.96万平方米，2015年对外免费开放。

云南省科学技术馆（云南省科学技术馆提供，廖嘉辉摄）

2）主要展项或展区

云南省科学技术馆常设展览面积0.36万平方米，设置"科学的探索"等4个主题展厅、6个特色展区、2个常设实验场地，展品、展项312件（套）。

同时，云南省科学技术馆还常态化开展包括"梦想实验室""梦想剧场""梦想课堂"在内的梦想系列科普活动；开展科技馆进校园、进社区、进农村等特色科普活动；开展流动科技馆巡展活动。

3）地址与联系方式等信息

地　　址：云南省昆明市翠湖西路 1 号

官　　网：http://www.ynstm.cn

咨询热线：0871-65326750

开馆时间：周二至周日

4.1.21　西藏自然科学博物馆

1）概况

西藏自然科学博物馆位于西藏自治区拉萨市城关区，是自然博物馆、科技馆、展览馆"三馆合一"的公益性综合型博物馆，建筑面积 3.17 万平方米，总投资 4.425 亿元，2015 年对外免费开放。

西藏自然科学博物馆集展览与教育、科研与交流、收藏与制作、休闲与旅游于一体，是一处将科技性、参与性、趣味性融为一体的科普教育与旅游观光基地，具备展览教育、观众服务、支撑保障三重功能。

常设展厅建筑面积 1.32 万平方米，包括自然博物馆、科技馆、展览馆三大板块。自然博物馆主要包含"地球之巅""神奇山水""生命奇迹""生态屏障"4 个主题展区；科技馆主要包含"藏地智慧""科技光辉""体验高原""智慧乐园"4 个主题展区。

西藏自然科学博物馆（西藏自然科学博物馆提供，洛桑平措摄）

2）主要展项或展区

科技馆特色展区介绍如下。

一、"藏地智慧"展区。生活在藏地的历代居民，通过辛勤努力和不懈探索，积累了丰富的科技经验，在藏语言文字、农牧业生产技术、藏医藏药、建筑技艺、手工技术等方面均形成了成熟的体系，体现了西藏人民顽强的精神和卓绝的才智。藏地智慧展区分为："文明之光——藏文""生存之本——农牧业""高原瑰宝——藏医藏药""古朴纯如——藏式建筑""精湛技艺——手工业"5个单元。

二、"科技光辉"展区。西藏拥有特殊的高原气候和地理环境，使其具有较高的科考价值和能源开发价值。随着现代科技的发展与科研人员的不懈努力，西藏高原科考已获得大量成果，攻克多项交通建设难题，丰富的清洁能源也得到开发利用。科技光辉展区分为："探索密境——高原科考""科技天路——高原交通""清洁能源"3个单元。

三、"体验高原"展区。青藏高原因其独特的高原环境影响，当地的空气相对干燥、稀薄、太阳辐射强、气温较低，形成了独特的高原气象，同时也对人体的呼吸系统及其他器官产生一定影响。

场馆设有"魅力高原"4D多场景体验剧场，观众坐在车上，通过佩戴4D眼镜即可欣赏西藏的大美风光，通过模拟现实场景让观众仿佛身临其境。

西藏自然科学博物馆数字馆不断完善，市民可以登录网站欣赏馆内的展品或在网站留言。同时，西藏自然科学博物馆还可以通过视联网实现与各地博物馆的实时交流、跨平台互动科普等。

3）地址与联系方式等信息

地　　　址：西藏自治区拉萨市城关区藏大东路9号

官　　　网：http://www.xzzrkxbwg.com

咨询热线：0891-6401069

开馆时间：周三至周日

4.1.22　陕西科学技术馆

1）概况

陕西科学技术馆位于陕西省西安市新城广场，建筑面积0.98万平方米，是面向社会开展科普教育的公益性事业单位，2015年对外免费开放。

陕西科学技术馆利用实体科技馆、数字科技馆、流动科技馆、科普大篷车组成的"三馆一车"现代科技馆业务建设体系开展展教活动，以常设科普展览和科普大篷车巡展为主要手段，以科技培训、科普报告、科普讲座、科普影视、科普橱窗、科学实验等活动内容为辅助形式，组织实施丰富多样的群众性科普活动。该馆被评为全国青少年科技教育基地、陕西省青少年教育基地。

第4章 典型免费开放科技馆简介

陕西科学技术馆（陕西科学技术馆提供，萧延摄）

2）主要展项或展区

陕西科学技术馆常设科普展厅面积1400平方米，按4层布展。在展示自然科学基础原理的同时，注重展示21世纪科技发展的重大走向和我国国民经济发展中的重大领域。

一层展厅面积为180平方米，主要展示内容有航空、航天、机械等，介绍科技发展史。

二层展厅面积为440平方米，主要展示内容为电磁学。

三层、四层展厅面积每层均为390平方米，主要展示内容有力学、光学、声学、数学、人体科学、材料学、多媒体技术等。有展品展项80余件（套）。通过科学性、知识性、趣味性相结合的展览内容和参与互动的形式，反映科学原理及技术应用，培养公众的科学思想、科学方法和科学精神。

3）地址与联系方式等信息

地　　址：陕西省西安市新城广场

官　　网：http://www.shxstm.org.cn

咨询热线：029-87215521

开馆时间：周三至周日

4.1.23 甘肃科技馆

1）概况

甘肃科技馆成立于20世纪80年代，原名兰州科学宫，2005年更名为甘肃科技馆。甘肃科技馆新馆位于甘肃省兰州市安宁区，占地3.77万平方米，建筑面积4.01万平方米，于2011年12月开工建设，2018年对外免费开放。

甘肃科技馆的外观造型融合了甘肃地域文化元素和现代科技设计理念，是兰州市一座地标性建筑，也是甘肃省目前投资规模最大、功能最为齐全的综合性科普基础设施。

甘肃科技馆外观实景图（甘肃科技馆提供，王育摄）

2）主要展项或展区

甘肃科技馆以"体验科学、感悟创新、和谐发展"为展示主题，由序厅、中庭、常设展厅、临时展厅、巨幕/4D二合一影院、球幕影院、科学实践与体验中心、学术报告厅等构成，展示内容涉及生命科学、信息技术、基础科学、宇航科技等学科领域。展厅面积15524平方米，有展品展项340余件（套）。

展厅陈设注重科技性、教育性、参与性和趣味性，采用声、光、电等现代高科技手段，揭示自然奥秘，展现科技魅力。主要展厅介绍如下。

一层展厅设有甘肃省主题展和儿童科学乐园。甘肃省主题展以"魅力甘肃——科技创新让甘肃腾飞"为主题，内容包含石油炼化、清洁能源、重离子实验室、地震避险及展现甘肃省科技概览的环幕影院，将甘肃省的科技文明发展史、甘肃省的工业发展和科技成就直观具体地展现在观众面前。儿童科学乐园展区包括"泡芙堡展区"（3—5岁）、"像素世界展区"（6—12岁），展示适合儿童身心特点的科技内容，注重儿童和家长互动，让儿童在展览和游戏中体验探索的乐趣，激发好奇心，培养对科学的热爱。

二层展厅主要以"科技改善生活、科技引领生活"为主题，让人们科学地认识生命，了解科技使我们生活发生的改变，科技引领我们未来生活方式多样化，使观众感受科技进步与改善生活之间的密切联系。分为"智慧生活""身体内部的秘密""便利生活""健康生活""生命的诞生"5个展区。

三层展厅以"基础学科"和"宇宙探索"为主题，以启迪创新意识为线索，阐释科学探索与发现的历程。展示人类对自然如运动、声音、光、电、数学，以及天文等方面的认识，使观众感受科技发明的美妙与神奇，享受探索与发现所带来的乐趣。分为"天籁之声、数学之魅、运动之律""绚烂之光、电磁之奥""宇宙探索、飞天探梦"3个展区。

3）地址与联系方式等信息

地　　址：甘肃省兰州市安宁区银安路568号

官　　网：http://www.gsstm.org

咨询热线：0931-6184266

开馆时间：周三至周日

4.1.24 青海省科学技术馆

1）概况

青海省科学技术馆是青海省科学技术协会直属社会公益类事业单位，始建于1984年，建筑面积3.32万平方米，是目前青海省最大的科普活动场所，2015年对外免费开放。

2006年，青海省科学技术馆增挂青海省青少年科技中心牌子，负责青海省青少年科技活动的组织与管理，把未成年人列为科普工作的主要对象，把科普教育同未成年人思想道德建设紧密结合起来。

青海省科学技术馆是以科技展览教育为主，以科技实践活动和科技培训为补充的科技教育阵地。先后被国家和青海省有关部门命名为"全国青少年科技教育基地""全国科普教育基地""全国青少年校外活动示范基地""小公民道德建设活动实践基地""宋庆龄少年儿童科技发明示范基地""青海省科普教育基地""青海省小公民思想道德建设基地"。

科技馆免费开放的实践探索

青海省科学技术馆（青海省科学技术馆提供，白罗春摄）

2）主要展项或展区

青海省科学技术馆常设展厅建筑面积14000平方米，有展品展项约300件（套）。包括"电磁大舞台""天路之旅""高原的形成""动植物资源""地震体验""生物多样性""神奇的小屋""种子的力量""俯瞰高原"等展品展项，以及"青海印象""世界屋脊""板块构造学说""青海自然之谜""三江之源""中华水塔"等青海特色展项。

3）地址与联系方式等信息

地　　址：青海省西宁市城西区五四西路74号

官　　网：http://www.qhkjg.com

咨询热线：0971-6283503/8083724

开馆时间：周二至周日

4.1.25　宁夏科技馆

1）概况

宁夏科技馆（宁夏青少年科技活动中心）位于银川市人民广场西街，是宁夏回族自治区成立50周年重点献礼项目，占地面积3.88万平方米，建筑面积2.97万平方米，投资约2.5亿元。宁夏科技馆工程于2008年9月建成正式向社会开放，2015年对外免费开放。

宁夏科技馆由主展馆、穹幕影院和综合楼三部分组成。宁夏科技馆外部造型极具吸引力，飘逸流动的玻璃顶壳，不但象征连绵起伏的贺兰山脉，而且丰富了建筑的天际线。穹幕影院所形成的玻璃球体和弧形展厅相对，象征着日月同辉,有机组合在主入口巨型构架之下。主展馆立面在水平线条划分的玻璃幕墙上,穿插石材墙面,表现建筑的力度。

宁夏科技馆(宁夏科技馆提供,宁夏科技馆数字声像部摄)

2)主要展项或展区

宁夏科技馆常设展厅建筑面积16100平方米。围绕"自然·科技·人"的主题,设置"序厅""宇宙探秘""生活中的科学""走近海洋""生命奥秘""科技之光""生命健康禁毒""魅·数学""奇·磁电""妙·力学""幻·声光""享·科技""趣·乐园""韵·小球"等展区、展项和室外展区。有展品展项290件(套),矿物、动物、古生物标本1500多件。

该馆设置穹幕影院(兼作数字天象厅),可容纳105人,使用美国ES公司数字化穹幕影院设备,计算机数据库存有全世界各地每天的星空数据,随机还带有科普影片。在1层南侧设有4D影院,可容纳40人,观众佩戴特制眼镜可观看三维立体电影,三自由度的特效座椅增加了身临其境的奇妙感觉。

该馆在数字技术的支持下,以互联网和虚拟技术为依托,与中国科协开发的中国数字科技馆联网,并引进其他省、自治区、直辖市及公司开发的数字科技馆资源,补充和拓展宁夏回族自治区的科普教育资源。

3)地址与联系方式等信息

地　　址:宁夏银川市金凤区人民广场西路

官　　网:http://www.nxkjg.com

咨询热线:0951-5085123

开馆时间:周三至周日

4.1.26　新疆维吾尔自治区科学技术馆

1)概况

新疆维吾尔自治区科技馆(简称新疆科技馆)始建于1985年,位于乌鲁木齐市新医路,建筑面积1.01万平方米,是自治区成立30周年十大献礼工程之一。

新疆科技馆新馆改扩建工程作为自治区成立50周年重点基础设施建设项目，于2005年4月开工，2008年7月落成。新疆科技馆新馆是在原址和主楼结构不变的基础上进行改扩建的，新馆建筑面积2.66万平方米，其中展厅面积1.11万平方米，会议培训面积0.86万平方米。工程总投资12195万元。

新疆科技馆新馆是一座集科普展教、学术交流和科技培训于一体，体现新疆科技文化特色，多功能、现代化的科技馆。2015年对外免费开放。

新疆维吾尔自治区科学技术馆（新疆维吾尔自治区科学技术馆提供）

2）主要展项或展区

新疆科技馆以"资源、创新、实践"为主题，既有体现国内外科技发展基础科学的经典展品，又有展现新疆维吾尔自治区主导产业科技发展现状与趋势的展品展项。有展品展项近400件（套），分四层布展。

一层为临时展厅，主要引进展示国内外科技馆推出的重点巡展，以及科普小剧场、科技文化室。

二层为科技乐园展厅，主要包括"虚拟世界、视听乐园、设计师的摇篮"等展品展项。

三层、四层为新疆维吾尔自治区产业科技之光展厅，主要包括石油工业、人水和谐、人与健康、通信科技、气象科技、测绘科普地理信息、消防科普等内容。

3）地址与联系方式等信息

地　　　址：新疆维吾尔自治区乌鲁木齐市新医路686号

咨询热线：0991-6386167

官　　　网：www.xjstm.org.cn

开馆时间：周三至周日

4.1.27 河南省科学技术馆

1）概况

河南省科技馆（新馆）建设项目选址位于郑州市郑东新区白沙园区象湖湖畔，规划用地面积9.96万平方米，建设用地面积8.51万平方米，总建筑面积约13.04万平方米，总投资约20.37亿元。该馆秉承"具备国际视野，彰显中国气质，富有河南特色，符合大众审美"的建设理念，以"国际一流、国内领先"为建馆目标，坚持"适用、经济、绿色、美观"的建筑方针，着力打造立足河南、服务中原、辐射全国的特大型、智能化、智慧型科技馆，使其成为中部地区重要的科学传播中心，提升公众科学素质的科普教育基地，激发青少年科学兴趣的创新实践基地，促进创新型河南建设的科技交流基地，打造成为河南省会郑州的新地标和科技文化休闲的5A级旅游景区。河南省科技馆（新馆）2022年对外免费开放。

河南省科技馆新馆（来源：河南省科技馆网站）

2）主要展项或展区

河南省科技馆（新馆）各层布展介绍如下。

地下1层建有"4D影院""巨幕影院""飞行影院""宇宙天文展厅""星空餐厅"。"4D影院"屏幕尺寸15×8.5米，设座位150个左右。"巨幕影院"位于建筑北翼地下1层至1层，屏幕尺寸26×14米，设600个座位。"飞行影院"位于建筑北翼地下1层，银幕为13米半球形银幕，设24座飞行座舱。飞行影院通过独特的动感座椅与球幕影片内容配合，以及全方位七声道的立体音响配音，给观众一个身临其境的观影感受，非常适合表现飞跃宏大震撼的场景和翱翔天际之间的飞行内容。"宇宙天文展厅"利用球体建筑内外空间，展现空间、时间、物质和能量构成的宇宙统一体，展示宇宙天体的运行规律和人类探索宇宙的天文成就，使公众直观地感受宇宙的浩瀚无垠，体验太空的精彩神秘，引领公众树立科学的宇宙观。

一层建有"短期展厅""序厅""球幕影院""动物家园展厅"等。"短期展厅"布展面积为1550平方米,全年不定期举办数场专题短期展览。"序厅"位于场馆一楼的中心位置,起到高效组织各功能区的作用。"球幕影院"位于中庭球体建筑上部,屏幕直径23米,设301个座位,为河南省第一个大型球幕影院。"动物家园展厅"以美国环球健康与教育基金会主席肯尼斯·贝林先生捐赠的400多件珍稀野生动物标本为主体,采用沉浸式、立体化和情境再现的设计手法,组合展示世界野生动物及其生态系统,引发人们对神奇大自然的探索欲望及敬畏与呵护之情,思考并积极参与人与自然和谐关系的构建。

一层夹层建有"学术交流区"和"创新教育区"。其中,青少年创新教育区主要面向4—18岁的青少年,是一个创新创造、共享科学、快乐成长的教育活动空间,旨在打造青少年创新教育新生态,成为青少年创新教育先行示范。创新教育区由创意走廊、主题教室、竞技天地、家长接待、教师办公、备课室六大功能区组成。创意走廊区以科学、捣鼓、探究、艺术、分享五大主题进行规划设计;主题教室区按照艺术妙想、科学探究、工程创造、项目挑战四大主题,设置艺术工坊、文创工作室、科学艺术空间、神秘宇宙课堂、自然研究所、百变魔法课堂、探客工坊、机器人工坊、编程造物空间、SDGs实践场、人工智能课堂、研发工作室12间主题教室;竞技天地区可开展比赛及相关活动。还配有教师办公室、多功能备课间,便于教师工作、备课、开发使用。

二层建有"探索发现""童梦乐园""创享空间"展厅。"探索发现"展厅围绕人类发展历程中具有里程碑意义的科学成就,展示科学世界的美妙与神奇,展现科学家的探索精神,讲好科学家故事,并以此创新设计一系列参与互动的展品展项,使其与教育活动更有效地融合,形成精彩纷呈的多学科展区,让公众在探究科学中感悟求真求实、创新奉献的探索精神。"童梦乐园"展厅面向1—7岁儿童,根据其身心特点和认知能力,遵循动手做、玩中学的教育理念,鼓励孩子们主动参与、自由选择、动手动脑,激发其创造力、好奇心和学习的兴趣,在感知和游戏的氛围中得到科学的启蒙。"创享空间"展厅面向7—18岁的青少年,以全面培养和提升青少年创新思维方法和创造能力为目标,采用STEAM科学教育模式,按照互动体验、展教结合、动手实践、共享表演、科学评价、循环改进的创客教育理念,将创客教育与学校教育相结合,培养青少年多视角、跨学科解决问题的综合能力,为青少年提供创新创造、共享科学、快乐成长的课外活动空间。

三层正在建设"智慧人类""交通天地""人工智能"展厅。"智慧人类"展厅拟以"我们从哪里来?我们是谁?我们到哪里去?"为展示脉络,围绕"智慧"诠释人类从生命起源开始,逐步适应环境、探索自然、改造自然再到与自然和谐共生的发展历程。"交通天地"展厅拟以古往今来人类在交通领域的技术发展、技术成果和相关科学内涵为主要内容,以中国空间站模型为核心展项,突出中国载人航天的飞天使命。同时,还展示各类交通工具与技术的发展历程,让公众了解科学技术的不断进步,及其带给人类生活的巨大变化,启发公众对未来交通的无限畅想。"人工智能"展厅拟以"AI,与你同行"为策展主题,围绕人工智能基础理论和关键技术,展示人工智能的想象、诞生、发展、成熟与思考,以及人工智能在各行各业的广泛应用,让公众体验到人工智能在生活、工作、医疗等领域取得的成就,感受到人工智能带来的便利与挑战,畅想人工智能的未来。

四层建有"短期展厅""智慧餐厅"。"短期展厅"位于四层东翼,布展面积为 831 平方米,全年不定期举办数场专题短期展览。主要围绕国家重大任务、响应社会关注的科技热点,以重要科技事件、公共事件、最新科技进展为题材,以科普作为展览的切入点,打造特色鲜明的短期展览。

3)地址与联系方式等信息

地　　址:郑州市郑东新区郑开大道 100 号

官　　网:https://www.hstm.org.cn

咨询热线:0371-65700365

开馆时间:周三至周日

4.2　特大型非省级免费开放科技馆列表

除了上述的省级免费开放科技馆,还有一些特大型的非省级的免费开放科技馆值得关注,这些科技馆的名称详见表 4-1。

表4-1　一些特大型非省级免费开放科技馆

序号	名称	序号	名称
1	唐山科技馆	11	晋中市科技馆
2	南京科技馆	12	盐城市科技馆
3	扬州科技馆	13	台州市科技馆
4	中国杭州低碳科技馆	14	温州科技馆
5	绍兴科技馆	15	芜湖科技馆
6	武汉科学技术馆	16	临沂市科技馆
7	襄阳市科技馆	17	潍坊市科技馆
8	南宁市科技馆	18	东莞科学馆
9	柳州科技馆	19	惠州科技馆
10	克拉玛依科学技术馆	20	遵义市科技馆

主要参考文献

[1] 中国科协，中宣部，财政部. 关于全国科技馆免费开放的通知［EB/OL］.（2015-03-04）［2023-06-18］. https://www.cast.org.cn/xw/tzgg/KXPJ/art/2015/art_9e8cbe4f1e7f4514ad6dcc48251b2f05.html.

[2] 财政部，中国科协. 关于印发《科技馆免费开放补助资金管理办法》的通知［EB/OL］.（2023-08-30）［2023-06-18］. https://www.gov.cn/zhengce/zhengceku/202309/content_6906583.htm.

[3] 陈善蜀. 科技馆对社会公众实行免费开放的思考［J］. 科普研究，2009（3）：30-33.

[4] 危怀安，程杨，吴秋凤. 国外科技馆免费开放的实践探索及启示［J］. 科技管理研究，2023（21）：150-163.

[5] 文素婷，程杨. 科技馆免费开放对我国科技馆事业的影响［J］. 科技管理研究，2014（3）：193-196.

[6] 武育芝，张红红，张丹，等. 国外科技馆免费开放经验借鉴与启示［J］. 中国管理信息化. 2019，22（16）：198-200.

[7] 谢飞媚. 科技馆免费开放后改进展教工作的思考［J］. 科技传播，2015（7）：146-147.

[8] 鲍聪颖，张丽霞，朱志良. 浅谈科技馆免费开放后的工作应对［J］. 科技广场，2015（12）：180-184.

[9] 齐欣. 免费开放下科技馆发展研究［J］. 科普研究，2016，63（4）：39-44.

[10] 任福君，高洁，许哲平，等. 公众的科普偏好及影响因素——基于免费开放科技馆的多源数据统计分析［J］. 科技导报，2021，39（22）：39-44.

[11] 许军. 全面做好科技馆免费开放工作［J］. 学会，2016（4）：57-59.

[12] 黄卉. 探索新形势下做好科技馆免费开放工作的基本规律［J］. 学会，2017（2）：61-64.

[13] 李晓. 采取切实措施 助推科技馆免费开放上水平［J］. 科协论坛，2017（8）：29-30.

[14] 廖红，温超. 2019年全国免费开放科技馆基本情况调查分析［J］. 自然科

学博物馆研究，2020（3）：42-50.

［15］赵书平，李莉，王保亮，等. 科技馆免费开放的实践与思考［J］. 科协论坛，2017（1）：30-32.

［16］徐鹏. 新冠肺炎疫情防控常态下科技馆 免费开放探索与实践——以潍坊市科技馆为例［J］. 学会，2022（2）：56-59.

［17］傅齐珂. 浅析科技馆管理中的免费开放政策［J］. 科技风，2017（1）：174.

［18］杨希. 我国科技馆免费开放政策实施研究［M］. 南京：南京师范大学，2018（1）：1-40.

［19］夏婷，王宏伟，罗晖. 我国科技馆免费开放政策：现状、问题与建议［J］. 今日科苑，2018（8）：16-22.

［20］黄曼，聂卓，危怀安. 免费开放的科技馆观众满意度测评指标体系研究——基于7座科技馆的实证分析［J］. 现代情报，2014（7）：22-26.

［21］聂卓. 免费开放的科技馆观众满意度研究——基于天津等七省市科技馆的实证分析［J］. 武汉：华中科技大学，2016（12）：1-47.

［22］张楠楠，高杨帆. 基于免费开放的科技馆绩效评价体系初探［J］. 科技传播，2016（6）：65-67.

［23］应桢. 基于免费开放的科技馆绩效评价体系初探［J］. 新商务周刊，2018（12）：77-79.

［24］任福君. 科技馆免费开放评估的总体思考［J］. 今日科苑，2020（9）：15-24.

［25］任福君. 科技馆免费开放评估指标体系研究［J］. 今日科苑，2020（10）：12-24.

［26］程杨. 我国科技馆免费开放的经费保障研究［M］. 武汉：华中科技大学，2014（7）：1-32.

［27］张成贵，郑文君. 浅谈免费开放实施后带来的变化与对策——以黑龙江省科技馆为例［J］. 自然科学博物馆研究，2016（A1）：144-148.

［28］任鹏. 加强科技馆免费开放宣传的几点思考［J］. 今日科苑，2022（2）：25-31.

［29］任鹏，任福君. 免费开放科技馆概览暨参观指南［M］. 北京：中国科技出版社，2020（8）：3-215.

［30］国务院关于印发全民科学素质行动规划纲要（2021-2035年）的通知［EB/OL］.（2021-06-25）［2023-06-18］. https://www.gov.cn/zhengce/content/

2021-06/25/content_5620813.htm?ivk_sa=1023197a.

[31] 任福君, 张义忠, 刘广斌. 科普产业概论（修订版）[M]. 北京: 中国科学技术出版社, 2018: 88-93.

[32] 程东红, 等. 中国现代科技馆体系研究[M]. 北京: 中国科学技术出版社, 2014: 1-18.

[33] 崔希栋. 科技馆展品的教育形式[J]. 科技馆, 2006(4): 14.

[34] 萧文斌. 科技馆营销系统的探索[J]. 改革与战略, 2007(S1): 154-159.

[35] 李春富, 李丹熠. 科技馆展品及其展示形式设计研究[J]. 包装工程, 2010(8): 62-65, 69.

[36] 廖红. 从展品研发角度谈科普展品创新[J]. 科普研究, 2011(2): 77-82.

[37] 古荒, 曾国屏. 科技馆产品分类及其供给、营销初探[J]. 科普研究, 2012, 7(4): 25-31.

[38] 任福君, 郑念, 等. 中国科普资源报告——中国数字科技馆科普资源调查报告[R]. 北京: 中国科学技术出版社, 2012: 7-12.

[39] 隋家忠. 科技馆专业人员培训教程[M]. 青岛: 中国海洋大学出版社, 2013: 102-103.

[40] 马超. 科技馆数字游戏类展品展示方式研究[J]. 科技视界, 2015(32): 332-333, 340.

[41] 李响. 论科技类博物馆的科学中心化: 英国案例研究[J]. 自然辩证法研究, 2017(5): 46-50.

[42] 朱幼文. 科技博物馆展品承载、传播信息特性分析——兼论科技博物馆基于展品的传播教育产品开发思路科学教育与博物馆, 2017(3): 161-168.

[43] 范亚楠. 科技馆展品组成部件标准化研究[J]. 学会, 2018(3): 50-54.

[44] 李纪红. 多元传播目的互动展品设计研究——以"行走的记忆"为例[J]. 科普研究, 2019(4): 89-99.

[45] 周荣庭, 徐永妍. 全媒体时代在线科普展览应用模式研究[J]. 自然科学博物馆研究, 2020(6): 40-47.

[46] 齐欣, 赵洋, 蔡文东. 我国科技馆"十三五"发展思路与对策研究, 第22届全国科普理论研讨会论文[C]. 北京: 科学普及出版社, 2016: 240-248.

[47] 徐善衍. 域外博物馆印象[M]. 北京: 中国科学技术出版社, 2018: 36-38, 56-58.

[48] 张炬, 孙业升. 浅谈科普场馆建设中多媒体展品的选用[J]. 海峡科学,

2012（3）：95-96.

［49］任福君. 新时代我国科普产业发展趋势［J］. 科普研究，2019（1）：116-125.

［50］M NIEUWENHUISEN，J GASPERS，O TISCHLER，et al. Intuitive Multimodal Interaction and Predictable Behavior for the Museum Tour Guide Robot Robotinho［C］. 2010 10th IEEE-RAS International Conference on Humanoid Robots，2010：653-658.

［51］T OYAMA，E YOSHIDA，Y KOBAYASHI，et al. Tracking visitors with sensor poles for robot's museum guide tour［C］. 2013 6th International Conference on Human System Interactions（HSI），2013：645-650.

［52］F C ZHENG，Z Y WANG，J J CHEN. Integration of Open Source Platform Duckietown and Gesture Recognition as an Interactive Interface for the Museum Robotic Guide［C］. 2018 27th Wireless and Optical Communication Conference （WOCC），2018：1-5.

［53］F D DUCHETTO，P BAXTER，M HANHEIDE. Lindsey the Tour Guide Robot-Usage Patterns in a Museum Long-Term Deployment［C］. 2019 28th IEEE International Conference on Robot and Human Interactive Communication（RO-MAN），2019：1-8.

［54］VELENTZA A M，HEINKE D，WYATT J. Human Interaction and Improving Knowledge Through Collaborative Tour Guide Robots［C］. 2019 28th IEEE international conference on robot and human interactive communication（RO-MAN），14-18 October 2019，New Delhi，India.

［55］IIO T，SATAKE S，KANDA T，et al. Human-like guide robot that proactively explains exhibits［J］. International Journal of Social Robotics，2020，12（2）：549-566.

［56］S GHOSH，A ROY，S SAHA. A Low Cost Virtual Guide for Next Generation Smart Museums，2021 International Conference on Recent Trends on Electronics［C］. Information，Communication & Technology（RTEICT），2021：845-849.

［57］S PLIASA，A M VELENTZA，A G DIMITRIOU，et al. Interaction of a Social Robot with Visitors inside a Museum through RFID Technology［C］. 2021 6th International Conference on Smart and Sustainable Technologies（SpliTech），2021：1-6.

［58］GASTEIGER N，HELLOU M，AHN H S. Deploying social robots in museum settings: A quasi-systematic review exploring purpose and acceptability [J]. International Journal of Advanced Robotic Systems, 2021.

[59] KUNO Y, SADAZUKA K, KAWASHIMA M, et al. Museum guide robot based on sociological interaction analysis [C]. Proceedings of the SIGCHI conference on Human factors in computing systems, 2007: 1191-1194.

[60] M SHIOMI, T KANDA, H ISHIGURO, et al. Interactive Humanoid Robots for a Science Museum [C]. IEEE Intelligent Systems, vol. 22, no. 2, 2007: 25-32.

[61] J YOON, HYEONGSUN YOON. A robot museum "ROSIEUM" [C]. 2011 8th International Conference on Ubiquitous Robots and Ambient Intelligence (URAI), 2011: 669-673.

[62] VOGIATZIS D, KARKALETSIS V. A cognitive framework for robot guides in art collections [C]. Univ Access Inf Soc 10, 2011: 179-193.

[63] T OHYAMA, et al. Implementing human questioning strategies into quizzing-robot [C]. 2012 7th ACM/IEEE International Conference on Human-Robot Interaction (HRI), 2012: 423.

[64] H S AHN, D LEE, B MACDONALD. Development of a human-like narrator robot system in EXPO [C]. 2013 6th IEEE Conference on Robotics, Automation and Mechatronics (RAM), 2013: 7-12.

[65] M DÍAZ, D PAILLACHO, C ANGULO, et al. A Week-long Study on Robot-Visitors Spatial Relationships during Guidance in a Sciences Museum [C]. 2014 9th ACM/IEEE International Conference on Human-Robot Interaction (HRI), 2014: 152-153.

[66] PATERAKI M, TRAHANIAS P. Deployment of Robotic Guides in Museum Contexts [C]//IOANNIDES M, Magnenat-Thalmann N, Papagiannakis G.(eds) Mixed Reality and Gamification for Cultural Heritage. Switzerland: Springer Cham, 2017: 449-472.

[67] D ALLEGRA, F ALESSANDRO, C SANTORO, et al. Experiences in Using the Pepper Robotic Platform for Museum Assistance Applications [C]. 2018 25th IEEE International Conference on Image Processing (ICIP), 2018: 1033-1037.

[68] MOHAMMAD ABU YOUSUF, YOSHINORI KOBAYASHI, YOSHINORI KUNO, et al. Social interaction with visitors: mobile guide robots capable of offering a museum tour (2019) [J]. IEEJ Trans Elec Electron Eng, 2019 (14): 1823-1835.

[69] WEECHING PANG, CHOONYUE WONG, GERALD SEET. Exploring the Use of Robots for Museum Settings and for Learning Heritage Languages and Cultures at the Chinese Heritage Centre [J]. Presence: Teleoperators and Virtual Environments, 2017, 26(4): 420–435.

[70] HU SHUYANG, ESYIN CHEW. The Investigation and Novel Trinity Modeling for Museum Robots [C]. Eighth International Conference on Technological Ecosystems for Enhancing Multiculturality, 2020.

[71] A POLISHUK, I VERNER. Interaction with animated robots in science museum programs: How children learn? [C]. 2012 7th ACM/IEEE International Conference on Human-Robot Interaction(HRI), 2012: 265–266.

[72] M G RASHED, R SUZUKI, A LAM, et al. A vision based guide robot system: Initiating proactive social human robot interaction in museum scenarios [C]. 2015 International Conference on Computer and Information Engineering(ICCIE), 2015: 5–8.

[73] HUANG CM, LIO T, SATAKE S, et al. Modeling and controlling friendliness for an interactive museum robot [C]. robotics: science and systems conference (RSS2014).

[74] GEHLE R, PITSCH K, DANKERT T, et al. How to open an interaction between robot and museum visitor?: Strategies to establish a focused encounter in HRI [C]. ACM/IEEE international conference on human-robot interaction, 6–9 March 2017, Vienna, Austria, 2017: 187–195.

[75] X SUN, et al. Intelligent Interactive Robot System for Agricultural Knowledge Popularity and Achievements Display [C]. 2019 IEEE 4th Advanced Information Technology, Electronic and Automation Control Conference(IAEAC), 2019: 511–518.

[76] E DEL VACCHIO, C LADDAGA, F BIFULCO. Social robots as a tool to involve student in museum edutainment programs [C]. 2020 29th IEEE International Conference on Robot and Human Interactive Communication(RO-MAN), 2020: 476–481.

[77] LIU L, OH H, ZHANG L, et al. A study of children's learning and play using an underwater robot construction kit [J]. International Journal of Technology and Design Education, 2022, 33(2): 317–336.

[78] 齐欣. 机器人展品在科普教育中的意义 [C]. 2012（安徽·芜湖）中国科

普产品博览交易会科技馆馆长论坛论文集，2012：440-442.

[79] 田洪娜，王佰才，郑雪林. 智能机器人在科普中的应用[J]. 机器人技术与应用，2012（6）：22-24.

[80] 赵姝颖，宗富强，梁小龙，等. 可重构机器人在科普中的应用[J]. 机器人技术与应用，2012（6）：31-33.

[81] 张娜，王磊. 从展项到剧场——人形机器人在科技馆中的科普展示[J]. 科学传播，2015（2下）：120-122.

[82] 周一睁，鲜麟波. 走进生活，科技馆机器人展品新趋势——以武汉科技馆售货机器人为例[J]. 科学科学博物馆研究，2017（增刊1）：80-84.

[83] 寇鑫楠. 基于展品的机器人教育活动创意及案例研究——以上海科技馆科学列车"机器人的感觉器官"为例[C]. 面向新时代的馆校结合·科学教育——第十届馆校结合科学教育论坛论文集. 北京：科学普及出版社，2018：339-342.

[84] 王文平，王绍礼，章光明. 智能机器人技术在新型智能化轨道交通展厅应用的研究与探讨[J]. 数码设计（下），2020（2）：55-56.

[85] 金永春. 谈智能机器人展品的发展[J]，科技风，2014（18）：32.

[86] 马亮，郭啟倩，郑蕊，等. 地震科普智能机器人可行性分析及系统功能设计[J]. 软件，2017（11）：123-125.

[87] 张鑫，邓卓恒，靳一飞，等. 基于NLP的地震科普聊天机器人的设计与实现[J]. 现代信息技术，2020（11）：77-79.

[88] 任烨. 地震科普机器人研发的可行性探索[J]. 中国设备工程，2021（4下）：21-22.

[89] 音袁，王家伟，刘立成，等. 高精度视觉识别与运动控制系统在科技馆展品设计研发中的实践运用——以冰球机器人为例[J]. 科学教育与博物馆，2019（5）：354-359.

[90] 李岩，柏祖军，刘方，等. 运动仿真技术与参数化设计应用于科普展品的研发——以多足机器人为例[J]. 科学教育与博物馆，2020（3）：178-184.

[91] 孙帆. 机器人展品研发规律研究[J]. 机器人技术与应用，2018（1）：41-43.

[92] 项开鹏，邹欣，殷超. 数字化科普展品用户的行为意向研究[J]. 包装工程，2020（10）：163-167.

[93] 刘永斌，李岩，舒玉恒，等. 智能娱教机器人研发. 科技成果，合肥磐石

自动化科技有限公司，2021-05-13.

［94］傅泽禄，李益，许玉球. 基于青少年创新能力培养的编程学习系统的设计与实现——以广东机器人科普活动为例［J］. 广东科技，2014（16）：193-195.

［95］杨嘉檬. 基于设计型学习（DBL）的青少年机器人科普活动设计与实施［D］. 杭州：浙江大学，2017.

［96］侯的平，韩俊，管昕，等. 馆校结合科普育人模式的探索与实践——以创意机器人创新实践教育为例［J］. 科技创新发展战略研究，2020（5）：40-45.

［97］赵姝颖. 科艺融合的"科普秀"活动——教育机器人在科普领域的应用［J］. 机器人技术与应用，2016（4）：45-48.

［98］黄英亮，孙田雨，伍雪楠，等. 高校机器人科普文化产业探索与实践——以西北工业大学舞蹈机器人的推广与应用为例［J］. 价值工程，2015（14）：241-244.

［99］罗隆. 高职院校开展科普活动途径探析——以广州工程技术职业学院机器人科普为例［J］. 科技与创新，2018（13）：53-54.

［100］申耀武，许文燕，唐细永. 高职院校依托专业优势开展科普活动探索与实践——以广州南洋理工职业学院机器人科普活动为例［J］. 科技与创新，2018（23）：124-125.

附录1

关于全国科技馆免费开放的通知

（科协发普字〔2015〕20号）

各省、自治区、直辖市、计划单列市科协、党委宣传部、财政厅（局），新疆生产建设兵团科协、党委宣传部、财务局：

为贯彻落实党的十八大提出的"普及科学知识，弘扬科学精神，提高全民科学素养"精神，充分发挥科技馆在提高公民科学素质中的重要作用，深入实施全民科学素质行动计划，积极培育和践行社会主义核心价值观，现就全国科技馆免费开放工作有关事宜通知如下：

一、科技馆免费开放的重要意义

科技馆是普及科学技术知识、倡导科学方法、传播科学思想、弘扬科学精神，提高全民科学素质的重要公共设施。推动科技馆免费开放，是全面贯彻落实党的十八大精神，向公众提供公平均等科普公共服务的重要内容，对于提高我国全民科学素质，丰富人民群众精神文化生活，建设创新型国家、文化强国、美丽中国，推进社会主义核心价值观建设具有重大意义。

各地区、各有关部门要统一思想，提高认识，积极行动，切实把科技馆免费开放工作做实、做细、做好，为公众提供更多、更好的科普公共产品和服务。

二、科技馆免费开放的工作原则

（一）分步实施，逐步完善

把推进科技馆免费开放作为改善文化民生、丰富城乡基层人民群众精神文化生活的重要任务，立足长远发展，分步实施，逐步健全完善科技馆基本公共服务项目，增强科技馆公共科普服务能力。

（二）坚持公益，保障基本

科技馆免费开放是国家的重要惠民举措。对与科技馆功能相适应、体现科技馆特点的基本科普公共服务项目，实行免费开放。对于非基本服务项目，要坚持公益性，降低收费标准，不得以营利为目的。

（三）深化改革，创新机制

要按照中央关于推进事业单位分类改革的总体部署，推动科技馆管理体制和运行机制创新，改进内部管理，创新服务方式，提高运营效率。以免费开放为重要契机，加强科技馆能力建设和制度建设，促进服务能力明显提高，为提高全民科学素质发挥重要作用。

（四）统筹协调，分工负责

中国科协、中宣部、财政部共同推动科技馆免费开放工作。中国科协主要负责组织实施和业务指导；中宣部负责统筹指导，协调各有关部门解决推进免费开放工作中的重大问题；财政部主要负责安排中央财政补助资金。各地和各有关部门积极组织实施，加强对免费开放工作方案的制度设计和科学研究，保证免费开放工作有序开展。

（五）扩大宣传，树立形象

免费开放的根本目的是保证广大公众享有科普公共服务的权益。各级宣传部门要充分发挥职能，联合各级科协加强科技馆免费开放的宣传工作，通过形式多样的宣传，吸引更多公众走进科技馆，了解科技馆的功能和作用，积极参与科技馆的活动，享受更多更好的科普公共服务，同时树立科技馆的良好社会形象。

三、科技馆免费开放的实施范围和实施步骤

（一）科技馆免费开放的实施范围

免费开放的科技馆应是科协系统所属的具备基本常设展览和教育活动条件，并配套有一定的观众服务功能，能够正常开展科普工作，符合国家有关规划并由相关部门批准立项建设的县级（含）以上公益性科技馆。

（二）科技馆免费开放的实施步骤

2015年，结合科技馆的运行状态，原则上常设展厅面积1000平方米以上，符合免费开放实施范围的科技馆实行免费开放。

2016年以后，鼓励和推动符合免费开放实施范围的其他科技馆实行免费开放。

四、科技馆免费开放的内容和要求

（一）科技馆免费开放的内容

科技馆免费开放的科普公共服务内容主要包括：

1. 常设展厅等公共科普展教项目；
2. 科普讲座、科普论坛、科普巡展活动等基本科普服务项目；

3. 体现基本科普公共服务的相关讲解、科技教育活动，以及卫生、寄存、参观指引材料等基本服务项目。

（二）科技馆免费开放的要求

1. 取消常设展厅的门票收费；

2. 取消科普讲座、科普报告等活动的门票收费；

3. 取消辅助性服务如参观指南、卫生设施、物品寄存及休息查阅等服务收费；

4. 降低非基本科普公共服务的收费，如特效影院、高端培训、餐饮、纪念品销售等；

5. 维护好科技馆的公益性质，不得以拍卖、租赁等任何形式改变科技馆常设展厅用途；

6. 加大免费开放的宣传力度，在当地主流媒体公示免费开放内容，扩大免费开放知晓度，吸引广大公众参观；

7. 加强在窗口接待、导引标识系统、资料提供以及内容讲解等方面提供优质服务；

8. 制定免费开放后应对突发事件的应急预案和处置机制，充分考虑免费开放后观众量短时间内急剧增加，对科技馆的管理、运行造成的巨大压力，科学测定科技馆的接待能力，建立每日参观人数总量控制和疏导制度，确保免费开放后的公众安全、资源安全及设施设备安全。

五、科技馆免费开放的保障机制

（一）加强组织保障

在各级党委、政府的领导下，各级科协、各级宣传和财政部门要加强对科技馆免费开放工作的组织领导，将科技馆免费开放作为提高公民科学素质的重要举措，纳入公共文化服务体系建设，纳入重要议事日程。要建立统筹协调、密切配合、分工协作的工作机制，及时制定各地科技馆免费开放工作方案，做好科技馆免费开放的组织实施和管理工作。

（二）建立完善经费保障机制

各级财政部门要将科技馆免费开放所需经费纳入财政预算，切实予以保障。中央财政安排补助资金，对地方科技馆免费开放所需资金给予补助，主要用于科技馆免费开放门票收入减少部分、绩效考核奖励、运行保障增量部分、展品更新等方面。地方财政部门要承担相应职责，保障当地科技馆免费开放的资金投入。

（三）建立完善绩效考核制度

各级科协、各级宣传部门和财政部门分别侧重从社会服务、资金使用、运行管理等方面，对各单位免费开放实施情况进行督促检查和考评，提高经费管理水平和资金使用效益，同时对免费开放中出现的问题和困难及时沟通并协调解决。中国科协、中宣部、财政部对绩效考核为优秀的科技馆进行表扬和奖励，支持其进一步提升服务能力。

（四）加强管理，完善科普公共服务功能

各地要按照《科普基础设施发展规划（2008—2010—2015）》和《科学技术馆建设标准》的有关要求，积极推动当地科技馆的健康发展，避免超标建设，不断规范展教内容，明确管理要求，整合业务流程，合理调配资源，转变运行方式，提高服务效能。应准确把握免费开放后公众及其科普需求呈现出多层次、多方面、多样式的特点，根据实际情况制定各科技馆的免费开放运行管理办法，不断拓展服务领域、方式和手段，全面增强科普辐射力，提供更加人性化的科普公共服务设施和项目，促进科技馆科普公共服务能力的提升。

中国科协　中宣部　财政部
2015年3月4日

附录2

关于印发《科技馆免费开放补助资金管理办法》的通知

（财教〔2023〕162号）

各省、自治区、直辖市、计划单列市财政厅（局）、科协，新疆生产建设兵团财政局、科协：

为规范和加强科技馆免费开放补助资金管理，提高资金使用效益，根据《中华人民共和国预算法》《中共中央国务院关于全面实施预算绩效管理的意见》等有关法律法规和政策要求，以及财政部转移支付资金等管理规定，我们制定了《科技馆免费开放补助资金管理办法》，现印发给你们，请遵照执行。

附件：科技馆免费开放补助资金管理办法

财政部　中国科协
2023 年 8 月 30 日

《科技馆免费开放补助资金管理办法》

第一章　总　则

第一条　为规范和加强科技馆免费开放补助资金（为一般性转移支付资金，以下称补助资金）管理，提高资金使用效益，根据《中华人民共和国预算法》及其实施条例、《中共中央　国务院关于全面实施预算绩效管理的意见》、《中国科协、中宣部、财政部关于全国科技馆免费开放的通知》（科协发普字〔2015〕20号）等有关法律法规和政策规定，制定本办法。

第二条　中央财政设立补助资金，对具备基本常设展览和教育活动条件，满足正常开展科普工作等要求，且纳入免费开放实施范围的科协系统公益性科技馆进行补助，用于支持和鼓励科技馆开展与自身功能相适应的基本科普公共服务。

第三条 补助资金的管理和使用坚持"统筹安排、分级管理、分级负责、注重绩效"的原则。

第四条 补助资金由财政部会同中国科协管理。

财政部负责确定补助资金分配原则、分配标准，根据财力可能、实际需求等统筹确定补助资金年度预算规模，审核补助资金分配建议方案并下达预算，指导地方预算管理，组织、指导和实施全过程预算绩效管理等工作。

中国科协负责审核地方相关材料和数据，提供资金测算需要的基础数据，提出资金需求测算方案和分配建议，按规定开展预算绩效管理和日常监管等工作，督促和指导地方做好资金使用管理等。

省级财政部门和科协，应明确省级及以下各级财政部门和科协在基础数据审核、资金使用、预算绩效管理等方面的责任，切实加强资金管理。

第五条 补助资金的管理和使用严格执行国家法律法规和财务规章制度，并接受财政、审计、科协等部门的监督。

第二章 补助范围、支出内容与分配方式

第六条 补助资金由地方统筹用于以下方面：

（一）运行保障，包括科技馆正常运转、举办展览、开展公益性科学教育活动、人才培养等。

（二）展览展品的研发、维护、更新等。

（三）自主开展的面向基层公众的流动科普服务。

（四）数字科技馆和展教资源数字化建设、网络科普服务、展品和设备共享共用等相关支出。

（五）列支除上述支出项目之外的其他与科技馆运行工作直接相关的支出。其他支出应当符合相关管理规定。

第七条 补助资金不得用于科技馆基本建设、征地拆迁，不得用于支付各种罚款、捐款、赞助、投资、偿还债务等支出，不得用于行政事业单位编制内在职人员工资性支出和离退休人员离退休费。

第八条 补助资金采取因素法进行分配。分配因素包括基础因素（60%）、科技馆业务发展因素（30%）和政策任务因素（10%）：

（一）基础因素，包括科技馆展览教育面积、年服务观众人次、展品更新及维护数量等。

（二）科技馆业务发展因素，包括教育活动场次、短期展览数量、网络科普资源浏览量等。

（三）政策任务因素，主要包括党中央、国务院明确要求的科技馆建设重点任务、科普事业发展的新任务新要求等。

计算分配公式如下：

某省（区、市）因素总数 =Σ［某省（区、市）分配因素数额/全国该项分配因素总数 × 相应权重］

某省（区、市）补助资金额度 = 年度补助资金总额 × Σ［某省（区、市）因素总数/全国因素总数］

财政部会同中国科协根据绩效评价、财政困难程度等情况，研究确定调节系数，对补助资金分配情况进行适当调节。

财政部、中国科协根据党中央、国务院有关决策部署和科普事业发展新形势等情况，及时完善分配因素、权重，适时修订补助资金管理办法，调整完善计算公式等，对资金分配进行综合平衡。

第三章　测算与下达

第九条　省级科协会同财政部门，应当及时做好本地区上一年度科技馆免费开放情况总结和数据采集等审核汇总工作，于每年1月底前报送中国科协、财政部。

第十条　中国科协按要求组织专家根据各省（区、市）报送的科技馆免费开放情况、新增科技馆名单、绩效评价等内容，提出当年补助资金分配建议方案报财政部。

第十一条　财政部对补助资金分配建议方案进行审核，于每年全国人民代表大会批准中央预算后30日内，正式下达补助资金预算。

财政部按规定提前下达下一年度补助资金预计数，并抄送财政部各地监管局。

第十二条　省级财政部门接到中央财政下达的预算后，应当会同科协在30日内设定区域绩效目标，按照预算级次合理分配、及时下达（编列）补助资金预算，并抄送财政部、中国科协及财政部当地监管局。

第四章　管理与使用

第十三条　补助资金支付执行国库集中支付制度。涉及政府采购的，按照政府采购法律法规和有关制度执行。

第十四条　补助资金形成的资产属于国有资产，应当按照国家国有资产管理有关规定管理。

第十五条　补助资金原则上应当在当年执行完毕，年度未支出的补助资金按财政部结转结余资金管理有关规定处理。

第十六条　地方各级财政部门应当落实管理责任，不得挤占、挪用、截留和滞留补助资金。

第五章　绩效管理与监督

第十七条　财政部、中国科协应加强对补助资金分配使用管理情况的监督，督促地方财政部门、科协落实预算绩效管理要求。

财政部会同中国科协，结合地方绩效自评工作，对补助资金进行绩效评价，评价结果作为预算安排、改进管理、完善政策的重要依据。

地方各级科协、财政部门按照全面实施预算绩效管理的要求，具体开展本地区绩效目标管理、绩效运行监控、绩效评价和绩效结果应用、绩效信息公开等工作，提高补助资金使用效益。

第十八条　省级科协、财政部门应当于每年1月底前向中国科协、财政部报送上一年度补助资金绩效自评报告，并抄送财政部当地监管局，主要包括上一年度补助资金支出情况、科技馆免费开放组织实施情况、绩效目标完成情况、发现的主要问题和改进措施等。

第十九条　财政部各地监管局应当按照工作职责和财政部要求，对补助资金进行监管。

第二十条　各级财政部门、科协及科技馆应强化流程控制，依法合规分配和使用资金，提高补助资金使用的安全性、有效性、规范性。

第二十一条　地方各级财政部门、科协及科技馆，应当对上报的可能影响资金分配结果的有关数据和信息的真实性、准确性负责。发现违规使用资金、损失浪费严重、低效无效等重大问题的，应当按照程序及时报告财政部、中国科协。

第二十二条　科技馆应当严格执行国家会计法律法规制度，按规定管理使用资金，开展全过程绩效管理，并自觉接受监督及绩效评价。

第二十三条　各级财政部门、科协及其工作人员在补助资金分配、使用、管理等相关工作中，存在违反本办法规定，以及其他滥用职权、玩忽职守、徇私舞弊等违法违纪行为的，依法追究相应责任。

第二十四条　资金使用单位和个人在补助资金申报、使用过程中存在各类违法违规行为的，按照《中华人民共和国预算法》及其实施条例、《财政违法行为处罚处分条例》等国家有关规定追究相应责任。

第六章 附 则

第二十五条 本办法由财政部会同中国科协负责解释。省级财政部门、科协可结合各地实际，根据本办法制定具体管理办法。

第二十六条 本办法自印发之日起施行。